孩子们看得懂的科学经典

万物简史

1
宇宙与地球

徐国庆 编著

高 帆 绘

北京理工大学出版社
BEIJING INSTITUTE OF TECHNOLOGY PRESS

前言

　　亲爱的小读者，这次我们要一起来读的书是《万物简史》。《万物简史》可是一本超级有名的科普读物，美国作家比尔·布莱森用他那既通俗易懂又引人入胜的写作手法，给人们介绍了许许多多有趣的科学故事——当然，还有那些赫赫有名的大科学家，以及他们不曾被教科书所讲述的另一面。为了让小读者们更清楚、更轻松、更有兴趣地掌握《万物简史》中的知识，我们将这本了不起的通识读物分成了《宇宙与地球》《怒放的生命》和《瑰丽的科学》三个分册。当你用心阅读完这三本书时，我相信你一定会对自我、对人类、对我们所生活的世界产生不一样的感悟！

　　第一册是《宇宙与地球》，顾名思义，这本书要讲的就是宇宙和地球的演化过程——这可是一段相当惊心动魄的历史哦！不要担心会遇到那些搞不明白的学术名词，我们保留了原作那幽默诙谐、通俗易懂的描述，为小读者们准备了一顿有趣、轻松又丰富的知识大餐。在这本书中，我们可以了解到：广阔的宇宙起源于一个小到不起眼儿的奇点；地球其实一点儿也不安全，有无数个小行星在伺机撞击它；人类曾经在地球上钻了很多个洞，但至今也没能钻到地心；而生活着无数野生动物的黄石国家公园，竟然是一座随时都有可能爆发的活火山！

　　相信你一定曾思考过：地球上的生命是如何从无到有的？为什么会有数不清的动物湮（yān）灭在历史的长河中？化石是怎样形成的，又是怎样被人们发现的？猴子真的是人类的祖先吗？我们为什么总是能发现新的生物？不要着急，在第二册《怒放的生命》中，这些问题都将一一得到解答。通过这本书，我们将会与复杂多变的生命进行深刻的对话，去探索生命之所以能存在的种种秘密，梳理不同生物的演化历史，并思索包括你与我在内的人类的未来。

在第三册《瑰丽的科学》中，我们将会一起来回顾人类科学史上那些伟大与奇妙的时刻。你能想象得到吗？门捷列夫竟然是从扑克牌游戏中找到了创造元素周期表的灵感；牛顿实际上把他一生中的大部分时间都献给了炼金术；磷这种化学元素最早是从人的尿液中提炼出来的；在发现放射性元素时，人们根本没想到它们的射线会如此危险，还将它们用于制造牙膏、化妆品、玩具，甚至是巧克力！

好了，剧透到此为止，让我们期待一下更加精彩的正文吧！总之，这套书就是要把复杂的知识化繁为简，用简练明了的语言来告诉小读者们——科学充满了意想不到的魅力！当然，科学绝不是冷冰冰的，而是温暖的、智慧的、充满怜悯的。在《万物简史》中，比尔·布莱森表达了自己对生命、自然以及世界的热爱，也反思着人类对大自然以及其他生灵造成的伤害。科学的进步绝不能伴随着人类的狂妄自大，不能以牺牲我们的家园为代价。现在，翻开书，与我一起开启这场奇妙又欢乐的科学之旅，让我们踩着伟大的科学家们的肩膀，看向更广阔、更遥远的未来！

目录

来创建一个宇宙吧！

　　一开始，世界上空无一物，什么事情也不会发生，甚至连时间和空间都不存在——当然，除了一个小到容易被人们忽略的东西——科学家叫它奇点。但是，这已经足够了，接下来我们只需要耐心地等待，等待宇宙终于在一场剧烈的大爆炸中"呱呱（gū gū）坠地"，彻底地从无变成有……

> 快，制造宇宙的原料不够了！

> 原子有的是！

> 马上就来！

准备好创建宇宙的材料

宇宙的诞生离不开质子。事实上，无论我们的视力有多好，我们都无法只借助肉眼去看清楚质子的真实模样。质子太小了，小到你永远也想象不出来它到底有多么渺小。质子是组成原子的重要部分。当然，原子也大不到哪里去，只是与十分渺小的质子相比，它真的可以算得上庞然大物了！你能相信吗，有科学家说，像字母 i 头上的点那样大的一滴墨水，就可以容纳大约 5000 亿个质子！

好了，介绍完质子，我们要开始正式创建一个宇宙了！请你想象一下，我们找到了一个缩小了的质子——它的体积只有正常质子的十亿分之一，然后又找到了一个极小的空间——也许比缩小后的质子大不了多少的空间，接着收集了现有的一切东西——从现在到宇宙创建之时的任何粒

子——哪怕是灰尘和气体都要包括在内。现在，我们要把缩小后的那个质子连同所有粒子都塞进那个极小的空间里，塞得严严实实的，绝不留一点儿余地——嗯，你猜得没错，这就是所谓的奇点。很好，现在让我们来等待一场史无前例的大爆炸吧！

再来一场真正的大爆炸

我当然知道你想要躲到一个安全的地方来观看这场大爆炸，但这个时候你可找不到任何地方可以藏身——除了奇点，世界上别无他物。也许你会把奇点想象成一个悬在黑暗而无边的虚空中的小点，但这种想法是大错特错的，因为此时根本不存在空间，也不存在黑暗，宇宙仅仅是一个小小的点，它的周围根本没有地方可以用来占有和存在。简单来说，奇点的四周并没有四周。

我们无法估算出这个奇点到底

静静地等待了多久。因为在宇宙诞生前，时间并不存在，所以自然也无法产生"过去"一词。但是，在某个瞬间，一个光辉的时刻到来了，奇点迅速扩大，产生了一个超出我们想象的广阔空间，这样壮丽的场景前所未有，难以用任何言语来准确地形容它。总之，这一刻，宇宙诞生了。

随着宇宙的诞生，时间也开始涌动。在充满活力的第 1 秒里，宇宙产生了支配世界的引力和其他各种力；在不到 1 分钟的时间里，宇宙的直径猛烈地增长到了 1600 万亿千米，宇宙的温度倏（shū）然上升到了 100 亿摄氏度——这样的高温足以引发剧烈的核反应，并创造出一些比较轻的元素，其中主要是氢（qīng）和氦（hài），以及少量的锂（lǐ）；3 分钟之后，

宇宙中目前存在或将会存在的大部分物质都产生了。我们有了一个美丽而奇妙的宇宙，而它的形成仅仅只用了制作一块三明治的时间。

虽然我们习惯性地把宇宙诞生那一刻发生的事情叫作大爆炸，但实际上很多书都强调，不要把它真的看成一次普通的爆炸，而是一次突然发生的巨大膨胀。

一切从无到有？

宇宙到底存在了多长时间呢？这个问题一直长久地困扰着人类。事实上，人类似乎总是会对这种永远不会有答案的问题充满超乎寻常的热情。在很长一段时间里，科学家一直喋喋（dié）

宇宙到底多大岁数了？

我猜它肯定比太阳系还要古老得多！

不要小瞧我的三明治！

知识链接

稳态学说

宇宙大爆炸理论是现代宇宙学的一个主要流派，它为人类解释了宇宙中的一些根本问题。值得一提的是，"宇宙大爆炸"一词首先由英国天文学家弗雷德·霍伊尔提出。不过，这位科学家是与大爆炸对立的宇宙学模型——稳态学说的倡导者！事实上，爱因斯坦也是稳态学说的支持者，他甚至不惜为了得出一个符合广义相对论的稳恒态宇宙模型，而凭空假设了一个宇宙常数来佐证自己的观点！然而，当宇宙大爆炸理论最终被大家广泛接受后，爱因斯坦也承认这个假设是他一生中犯的最大错误。

不休地争论着宇宙到底起源于100亿年以前，还是200亿年以前，又或是在两者之间。当然，到目前为止，还没有谁能给世人一个准确的答案，但人们似乎越来越赞同137亿年这个数字——也许，在137亿年前的某个特殊时刻，因为某种未知原因，科学上叫作"时间等于零"的时刻降临了，于是一切从无到有。

但是，宇宙大爆炸理论并不完美，至少在它被提出来的初期，还存在着一个巨大的漏洞，那就是它根本无法解释我们是怎么来到这个世界上的。正如我们所知道的那样，我们之所以能存在，离不开碳、氮、氧以及一些其他重元素，但如果你仔细阅读了

宇宙背景辐射

在 20 世纪下半叶，美国科学家发现了宇宙背景辐射。按照宇宙大爆炸的理论来说，宇宙诞生之初产生了巨大的热量，这些热量以强烈的、波长非常短的辐射的形式存在着，之后随着宇宙膨胀得越来越大，辐射的波长也不断地伸长，直到伸长到被射电望远镜捕捉到。宇宙背景辐射的存在，给宇宙大爆炸理论提供了强有力的支持。

前文，就会发现这些物质在宇宙创建过程中都没能产生。

那么，问题来了，它们究竟从何而来？又为何存在？令人意想不到的是，后来破解了这些问题的人压根儿就瞧不上宇宙

大爆炸理论。事实上，就连宇宙大爆炸这个名字都是出自它的嘲讽者之口。宇宙究竟是如何演变成如今的模样的？在很久以前，这个疑问就一直困扰着人类。在古老而广袤（mào）的宇宙面前，人类如同刚呱呱坠地的婴儿一样无知。不过，宇宙大爆炸理论的出现确实为人类开辟了一条崭新的道路，我们至少知道——宇宙并不是一成不变的，它还在不断地变化着。

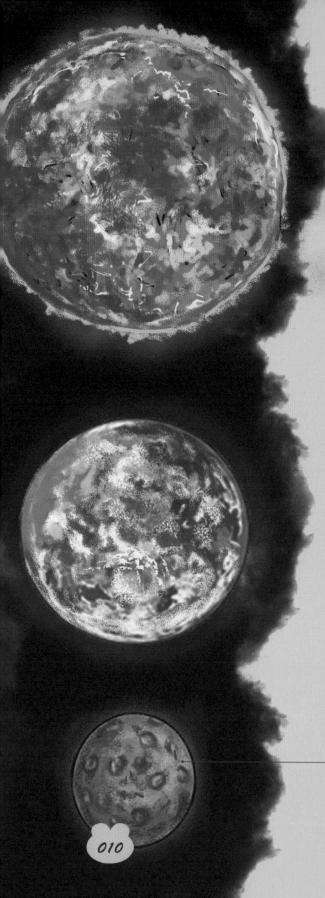

大爆炸后发生了什么？

先让我们相互恭喜一下对方，能作为生命降生在宇宙中真是太幸运了！如果没有那场剧烈的大爆炸，那么世界上的所有东西还都只是一个小小的"点"。宇宙大爆炸不仅创造了无垠的宇宙，更为这片死寂带来了一连串生动的事物：引力、磁场、太阳、地球、月球、大气层、人类、陨石……所以，谢天谢地，一切刚刚好！

宇宙比太阳的年龄大，
太阳比地球的年龄大，
地球比月球的年龄大

太阳和行星诞生了

宇宙大爆炸理论讲的可不仅是大爆炸本身，还有大爆炸发生之后的事情。宇宙诞生后，就迅速地膨胀了起来，只过了一百万亿亿亿分之一秒，它就从一个用手都能拿住的东西，猛地一下子变成了超乎人类想象的庞然大物——众所周知，我们至今也无法清楚地知道宇宙的边界究竟在哪里。

随着宇宙的成长，与人类息息相关的太阳出现了。1755年，在《自然通史和天体论》中，德国科学家兼哲学家康德提出了太阳系形成的现代理论之一——星云理论。简单来说，星云就是一个巨大的、由气体和尘埃组成的旋涡。形成太阳的那个星云，其直径大约有250亿千米那么长！这个星云不停地旋转并向内

没错，我就是星云理论的创造者——康德。

塌陷，里面的物质像弹珠一样相互激烈地碰撞，经过一段相当漫长的时间，最后形成太阳。同时，围绕在太阳周围的尘埃与碎石相互粘连，不断变大，气体也相互挤压，凝聚成球体。最后，当无数的时光飞逝而去，初具规模的太阳系终于"呱呱坠地"了。

在初生的太阳系中，有一些名为微行星的天体，它们不停地相互磕磕撞撞，有时破裂，有时分解，有时又以不同的方式

刚刚诞生的太阳

不要撞我，我还是个小宝宝呢！

重新合并成一个整体。在无数次激烈的碰撞之后，有些微行星脱颖而出，变得越来越强、越来越大，并最终成为自己运行轨道上的主宰者——太阳系的八大行星诞生了！可以这么说，包括地球在内，它们在这场旷日持久的拉锯战中最终取得了来之不易的胜利。但是，当我们从天文学的角度来看，就会发现这一切发生得相当快，从一颗小小的宇宙尘埃变成一颗幼年星球，很可能只需要花上几万年的时间——几万年对于古老的宇宙来说，不过是眨眼之间。

太阳是太阳系八大行星的"大家长"

在太阳系的八大行星中，水星是最先出现的

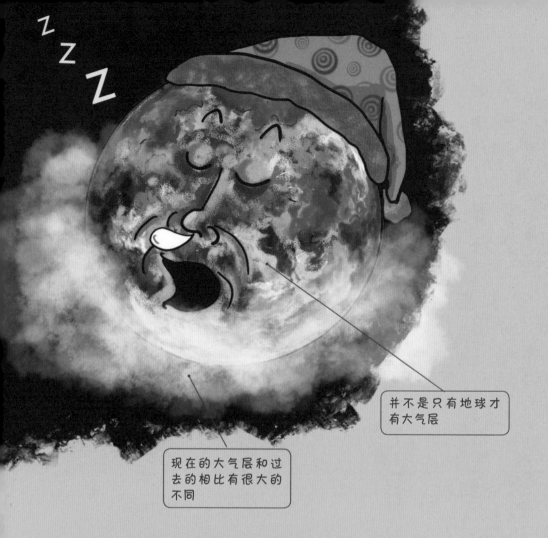

并不是只有地球才有大气层

现在的大气层和过去的相比有很大的不同

地球在宇宙中亮相了

太阳在形成时剩下的那些"材料"，有一部分组成了我们的地球。大约在 44 亿年前的某个时刻，一个不知名的天体一头撞在了地球上，地球被炸飞的碎片聚集在一起，形成了一个比地球小得多的岩石球体。然后，不到 100 年的时间，这个球体就变成了我们熟知的月球。

月球诞生后，地球的大气层也形成了。大气层是包裹着地球的一层气体。当地球的体积只有现在的三分之一时，地球就已经开始着手用二氧化碳、氮、甲烷（wán）和硫（liú）等物质为自己制造大气层了。显而易见，这些物质中的大部分都是有毒的，但在大气层这种危险的混合气体中，地球上的生命依然顽强地诞生了。

地球上的生命之所以能诞生，是因为这时候的太阳远没有之前的那么炙热和明亮，而且多亏了大气层中有二氧化碳的存在，它作为一种强有力的温室气体，及时而有效地帮助地球留住了太阳辐射来的热量，这才给生命留下了得以成长的机会。试想一下，如果地球的大气层中没有二氧化碳，那么地球很有可能被冰雪永久覆盖，变成一个银白色的大冰坨子。

在之后的 5 亿年里，年轻的地球一直被宇宙中不服管教的"刺儿头"撞来撞去，比如彗星、小行星等，一刻都得不到安宁。经过这个有些暴力的过程，地球上出现了连成片的、盛满水的海洋，产生了形成生命必不可少的物质——水。在这个称不上多友好的自然环境中，各种化学元素被搅动起来，相互发生了奇妙的反应。于是，候场许久的人类终于迎来了登上地球历史舞台的这一天。

欢迎你出生在太阳系

　　生命的诞生并没有我们想象中的那么简单，至少挨过几十万年的残酷折磨，生命才最终一步步走到了地球历史的舞台前。当然，这个过程始终离不开原子的贡献，是它用复杂而奇特的方式创造了我们的祖先，接着又创造了无数个我们。如果世界失去了原子，那么水、空气、岩石、恒星、行星等都会化为乌有！

我们的诞生

　　首先，我们得先相互恭喜一下对方，我们能来到这个世界上真是太不容易了！从降生的那一刻起，你和我就成了原子所创造的伟大奇迹之一。我很难为你详细地描述原子究竟是怎样创造出了你，因为这个过程实在是太奇特、太复杂、太曲折了！

让我们说得简单一点儿吧！你知道吗，你之所以能够来到这个世界上，是因为有几万亿个原子以某种特别的方式聚集在了一起。当然，这件事情绝没有你想象中的那么简单！在你诞生后的每一天，为了让你的身体不散架，为了让你始终能处在一个舒服的状态下，组成你的那些原子需要年复一年、日复一日地拼命工作，连一秒都不能休息。可以说，原子的任务就是让你成为你。至于到底是谁给它安排了这个艰巨的任务，它又为什么乐于接受这份麻烦的工作，我们还不得而知——这

个世界本来就充满了各种未解之谜。

另外，希望你不要浪费时间和情感去赞美原子的奉献精神，因为它既不是生命，也无法思考——它根本不知道你是谁、你在哪里、它们又在哪里——事实上，原

从你身上离开的原子

子只是一群没有脑子的粒子罢了。只要你还存在，哪怕是仅仅1秒，原子都会毫不迟疑地履行自己的使命，但这并不是因为

你们不要走！

后会无期！

我们已经没有任何关系了！

它服务的对象是你。也就是说，原子对你毫无感情，只有责任。

我们的消失

如果我们用镊（niè）子把自己身上的原子一个一个地夹出来，就会发现一个惊人的事实：我们变成了一堆细小的原子尘土。正如前文所说的，原子没有生命，但它们却神奇地拥有着组成生命的能量。事实上，没有原子，就没有水、没有空气、没有岩石、没有恒星和行星、没有星团和星云——自然也就没有宇宙。原子是这个世界之所以会存在的基石。

但就是这样重要的原子，它却十分脆弱，这一点在人类的身上就可以窥见：一个普通人差不多可以活上650000个小时。

当人类的生命走向完结时，我们身上的原子将会静悄悄地四散而去——别担心，到此为止的只是我们，这些原子将会重新变成别的东西，比如水、空气、岩石等。

从化学角度来说，人类都是由碳、氢、氮、钙、硫等多种普通的化学元素组成的，只要我们用点儿心就能在药店把它们都找到。也就是说，你身上这些原子与其他原子相比，它们的唯一特别之处就是，它们合起来组成了你。我们都得接受这个事实：从某种层面上来说，作为万物之灵长的人类，其实与世间万物毫无区别——当我们诞生，原子协调地聚集在一起；当我们消失，原子毫不留恋地离去。

地球上的生命来之不易

寂寞得要死的宇宙

当地球还在给自己拼命地裹"衣服"时，生命的种子就已经开始在它上面静静地萌芽了。按道理来说，偌大的宇宙中充满了原子，本应该是处处有生机，但很遗憾的是，不知道为什么，似乎只有地球上才形成了如此丰富多彩的生命。据我们所知，到现在为止，宇宙别处还没有哪颗星球上出现过文明——至少我们还没有发现过蛛丝马迹。

这样一看，宇宙还真是一个广阔无垠（yín）又寂寞得要死的地方！虽然人类一直极力说服自己并不孤单，但实际上人类怎么可能不孤单呢？在茫茫宇宙中，到处都散落着数不清的星

球，它们的数量远远超出了我们的想象。虽然在这么多的机会面前，也许真保不准就会出现与人类相似的智慧生物正生活在某个星球上，但是在现实生活中，星球与星球之间都隔着非常遥远的距离，两个文明之间真的很难取得沟通与联系。因为很有可能，当我们沿着从宇宙中接收的信号追踪过去时，发出这个信号的文明早就已经不复存在了。

　　更何况，直到今天人类都无法在地球与月球之间来去自如，即使月球是离地球最近的星球——很遗憾，我们并不具备能够自由穿梭宇宙的航天技术。

当我们到达
宇宙的边缘

　　没人清楚整个宇宙究竟有多大！以我们现在的科技水平，别说飞出宇宙了，就连让宇航员安全地飞出太阳系都做不到！但是，这并不妨碍我们来想象一下这件事情：当我们终于有一天克服了所有阻力，到达宇宙的边缘，把我们的脑袋伸到宇宙的外面时，我们会在宇宙之外看到什么呢？

宇宙的边缘到底在哪里？

即使我们制造的空间探测器已经飞越了冥王星，但我们依旧没能摸清楚太阳系到底还有多少"家底儿"。事实上，太阳系实在是太广袤了，广袤到人类似乎永远都走不出去——想要走出宇宙就更加不可能了。你知道吗，光是宇宙能被看见的地方的直径就大约有 1.6 亿亿亿千米那么远！那么，我们看不到的那部分究竟会有多大呢？这个问题至今还没有谁能够确实地回答出来。

目前，世界上还没有哪个航天员抵达过太阳系的边缘，甚至连接近都没有。有科学家认为，按照人类现在的科学水平来看，也许在未来也不会有人能够完成这个壮举。至于更加遥远的宇

宇宙的边缘在哪里呢？

宙边缘，对人类而言，不光是"可及"做不到，甚至连"可望"都是一件异常艰难的事情。

随着航空航天技术的日新月异，人类对宇宙的了解也随之丰富起来。虽然还没能找到切实的证据，但很多人相信，在更远的没怎么受到太阳和八大行星影响的地方，一个混乱的、巨大的、云雾状的球形天体正静静地飘浮着——它就是奥尔特星云。因为距离太阳十分遥远，奥尔特星云几乎得不到任何光和热。

想象一下，奥尔特星云就像婴儿的襁褓（qiǎng bǎo）一样，它将太阳系紧紧

我不可能活着抵达奥尔特星云，它真的太遥远了！

地包裹在其中——你也可以这么理解，如果有一天我们能把自己的脑袋从奥尔特星云伸出去，那么我们也许就能看见太阳系以外的宇宙到底长什么样子了。

我们在宇宙的中心吗？

生物学家霍尔丹曾说过这么一句话："宇宙不仅比我们想象的要古怪，而且比我们可能想象的还要古怪。"宇宙带给人类的疑问总是那么深奥与复杂，每当我们以为自己找到了正确答案时，结果却是我们糊涂得更加厉害了。

在人类的历史上，曾有很长一段时间，我们的祖先坚定地认为地球就是整个宇宙的中心。然而事实上，就像我们找不到宇宙的边缘一样，我们也不可能站在宇宙的中心，对所有人斩钉截铁地宣布："宇宙就是从这里开始的。这里就是一切的中心。"当然，这并不是在说地球绝对不可能是宇宙的中心，而是我们还没有办法用数学或其他方法来验证这个结论——没有足够的证据，自然也就无法得出让人信服的结果。

但是，你可不要因此小瞧那些聪明绝伦的天文学家，他们经常能办到一些令人瞠目结舌的事情。只要他们愿意，只要时间充足，宇宙里没有

知识链接
想象中的宇宙电梯

相信几乎每个人都有过想去宇宙看一看的想法，但是光靠搭乘火箭来实现大家的愿望，不仅费用高昂，而且效率也不怎么高。这几年来，很多科学家开始设想，有没有可能建造一台巨大而便捷的宇宙电梯，可以像商场里的直梯一样，让很多人可以从地球的赤道地区出发，经过大约一星期的时间，就能到达宇宙中的空间站？实际上，关于宇宙电梯的相关研究已经开始进行了，希望在不久的将来我们能够实现乘坐电梯上宇宙的梦想！

什么东西是他们发现不了的。话说回来，从某个层面来讲，人类找不到宇宙的中心其实是很正常的，毕竟宇宙大得离奇，我们只能通过不断收集蛛丝马迹来破解那些谜团。除非我们能搭乘一班宇宙飞船，亲自去宇宙中的各个地方考察一番，否则说再多，也只是写在纸上的一些假设罢了。

再见了，冥王星！

　　如果你看了那些描绘太阳系的插图，一定会发现冥王星是被标注出来的最后一个天体。冥王星距离太阳非常遥远，从它之上看太阳，太阳就像一个针尖大小的亮点——从太阳上看它更是如此，甚至眼神不太好的人都发现不了它！你知道吗，冥王星小到就连身为卫星的月球都能在体积和质量上碾压它！

别担心，冥王星的新朋友马上就要来了

它们都不喜欢我！呜呜呜——

发现冥王星

1930 年 3 月 13 日，美国天文学家汤博宣布发现了一个新的天体——冥王星。在你的印象中，冥王星大概率会是一个圆溜溜的、深蓝色的球体——看吧，你被一些艺术家欺骗了，冥王星可不是这样的，起码在我们观察时，因为它过于遥远，所以它留给我们的总是隐隐约约、模模糊糊的绰影，而它的卫星就更加不容易被看见了。

天文学家总是对寻找新的天体充满了热情，这就让人们对冥王星被发现得如此之晚感到非常不可思议。实际上，在海王星被发现后，人们便察觉到了异样——海王星并没有按照计算出来的结果运转，只不过在当时，大多数人都不相信还存在另一个未知的天体正影响着它。当然，世界上也有一些人不愿随波逐流，比如美国亚利桑那州天文台的洛厄（è）尔，这位天文学家通过计算得出了那个可能存在的新行星的轨道。令人遗憾的是，他最终没能等到发现冥王星就与世长辞了，但这丝毫没有影响后来人的继续搜寻。

直到 1930 年的一天，汤博宣布发现了冥王星——它和海王星之间的平均距离是整整 14 亿千米。这真是一个奇迹般的发现！因为冥王星是如此之小，距离地球又是如此之远！直到今天，人类还是没能搞清楚冥王星到底有多大，由什么物质组成，有哪种大气，又或者用哪些词能准确地形容它。

冥王星的卫星

冥王星体积很小，又离地球特别远，所以观测起来超级费劲——冥王星的卫星就更不用说了。估计看到这里，有人要发问了：为什么我们在太阳系中发现一颗卫星会这么困难？因为天文学家在观测时，只会把仪器的镜头对准一小片天空，这就让发现新的卫星成了一件需要撞大运的事情，并且天文学家更倾向于寻找类星体、黑洞和遥远的星系——显而易见，卫星并不在其中。

截至目前，我们已发现的冥王星的卫星一共有 5 颗：1978年，科学家发现了冥王星的第一颗卫星——冥卫一，它也是冥王星的卫星中体积最大的那一颗；2005 年，冥卫二和冥卫三接连被发现；2011 年、2012 年又相继发现了更小的两颗卫星。

虽然人类花费很长时间才发现了冥王星及其卫星，但这并

走你！

哎哟喂！

不会影响人们对冥王星的重新审视。随着越来越多的新天体的出现，地球上的科学家开始思考：冥王星到底能不能算得上行星？

被"驱逐"的冥王星

2006年8月24日，经过讨论与投票，由于不符合国际天文学联合会给行星下的新定义，冥王星最终被"赶"出了行星的行列，被划分到矮行星的类别中，这也标志着太阳系九大行星的时代一去不复返。现在，我们的太阳系里就剩下了八大行星：4颗岩质内行星和4颗气态外行星。4颗岩质内行星包括水星、

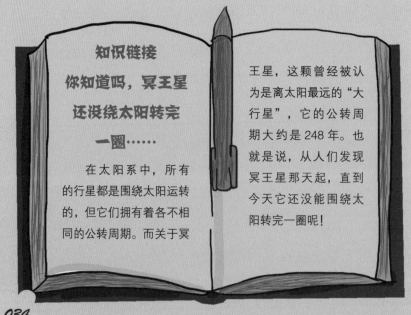

知识链接

你知道吗，冥王星还没绕太阳转完一圈……

在太阳系中，所有的行星都是围绕太阳运转的，但它们拥有着各不相同的公转周期。而关于冥王星，这颗曾经被认为是离太阳最远的"大行星"，它的公转周期大约是248年。也就是说，从人们发现冥王星那天起，直到今天它还没能围绕太阳转完一圈呢！

金星、地球、火星，4
颗气态外行星包括木
星、土星、天王星、
海王星。

那么，什么是矮
行星呢？其实，矮行

星和行星在某些地方还是挺相似的，比如它们都围绕太阳运转，
外观在自身引力的作用下呈球体，等等。而矮行星与行星最大
的区别是，行星可以将自己轨道上的其他天体清除，而矮行星
却不能，它的轨道上会残留其他天体。这里要注意一下，矮行
星可不是小行星哦！在天文学中的定义上，它们可是完全不一
样的两种天体。

很多科学家都认为，冥王星本质上只是柯伊伯带里的一个
大型天体罢了。柯伊伯带俗称银河废墟（xū）带，这里专门生
产太阳系里那种一闪而过的短命
彗星——这里也是闻名世界的
哈雷彗星的故乡。实际上，冥
王星的运动方式一直都是变
化不定的，这与八大行星的
运动方式很不一样，一个世
纪以后，谁也不敢保证神
秘莫测的它将会流浪到哪
里去！

漫游宇宙的 "旅行者"

你想去宇宙旅行吗？不管你想还是不想，现实就摆在我们的眼前：人类现在连去离地球最近的月球都费劲得很，何况去更远的地方呢！曾经有人也饱含热情地想飞去火星看一看，然而很快他们就发现，这一趟旅行不仅耗资巨大，并且坐上飞船的乘客都很可能有去无回。虽然宇宙是如此的难以征服，但永远不乏勇敢的挑战者……

旅行者号空间探测器

1977年，木星、土星、天王星和海王星排成了一条直线，这种情况每隔大约175年才会发生一次，是非常罕见的天文奇观。为此，同年的9月5日，美国发射了旅行者1

号。尽管这个探测器占了"1号"这个名字的便宜，但它的的确确是在"2号"之后才发射的。但是，旅行者1号也很争气，1977年12月，它追赶上了之前发射的旅行者2号。旅行者2号与旅行者1号的发射时间只相隔了几周，它们在设计上并无明显差别，只不过两者飞行的路线有所不同。2012年5月，旅行者1号到达了太阳系的边界，这也标志

我知道人类还能飞得更远！

着它成为当时人类有史以来飞得最远的探测器。

因为太阳存在强大的引力，按理说每一次往外飞行都会导致空间探测器的速度减慢。为了让旅行者 1 号和旅行者 2 号能够飞得更快，美国科学家特意为它们设计了专门的轨道路线——当旅行者 1 号或旅行者 2 号逐渐接近某个行星时，它们便会利用其重力像弹弓一样将自己弹出去，这样就能为自己获得足够的加速度，这便是重力弹弓效应。

但即使这样，它们也要花费差不多 9 年的时间才能到达天

科学家预计旅行者 1 号将在 2025 年后与地球失去联系，但它仍会在太空中继续飞行

王星，要花费差不多 12 年的时间才能飞越冥王星的轨道！不管从哪个方面来说，对于人类而言，这无疑是一次异常漫长的旅行。旅行者 1 号和旅行者 2 号正在完成人类想都不敢想的事情！

实现不了的宇宙旅行

在三千世界之中，地球文明就像是一座小小的孤岛。虽然人类自诩（xǔ）是万物之灵长，但在古老而深奥的宇宙面前，却显得那么不值一提。从数万年前起，我们的祖先就开始仰望星空，并试图从闪烁的星斗中寻找到蛛丝马迹，弄清楚太阳系中正在发生的事情。就如众多科学家认为的那样，人类可能永远都无法完成一次穿越太阳系的旅行！甚至，我们引以为傲的哈勃空间望远镜，连帮助我们看到位于冥王星以外的奥尔特星云

即使加满了油，你也飞不出太阳系！

太空加油站

VSNDF

都做不到……实际上，冥王星离太阳系的边缘还远着呢，即使有一天我们乘着飞船到达冥王星，也还要经过大约 1 万年才能看到包裹着太阳系的奥尔特星云！

虽然旅行者 1 号和旅行者 2 号已经向更遥远的地方进发了，但人类想要跳出地球看一看却还是那么艰难。在过去，时任美国总统的老布什曾有过这样的想法，他提议要执行一次去火星的载人任务——显然，他的想法最终没能变成现实，因为直到现在人类也没能掌握这项高新技术。至于这次任务为什么会不了了之，美国并没有给出官方解释，但我们能够知晓的是，这次任务的成本预算高达 4500 亿美元，并且如果当初真有航天员前往火星，那么他们的身体也将会被高能的太阳粒子撕成碎片。

知识链接

登陆彗星的空间探测器

众所周知，观测彗星就已经是一件很不容易的事情了，谁能想到有一天我们竟然能够实地探测彗星！ 2014 年 11 月 13 日，欧洲航天局发射的罗塞塔号空间探测器成功将菲莱号着陆器送到了彗星表面。这颗彗星名为丘留莫夫 – 格拉西缅科彗星。这是人类历史上第一次实现空间探测器在彗星表面上的着陆。

世界上的很多科学家都悲观地认为，我们不大可能去很远的地方探索——至少在很长一段时间内，我们是绝对做不到想去哪里就去哪里的。但是，如果有外星人发现了我们的空间探测器，接收到了我们的信号，并来到了我们的地球上进行探索，那又将出现怎样的一幅神奇画面呢？

埃文斯牧师与超新星

超新星虽然是"星"，但实际上指的却是在宇宙中发生的一场大爆炸——它可不是一场普通的大爆炸，而是一颗比太阳还要大上二三十倍的恒星在消亡时发生的宇宙中最大的爆炸！

20世纪30年代，科学家弗利茨·兹威基发明了"超新星"

让我看看它们都藏到哪里去了……

人类可真是无聊啊！

超新星爆发的威力超乎你的想象

一词。接着，1955年，一位名为埃文斯的牧师兼业余天文学家开始了他寻找超新星的传奇人生……

寻找超新星的人

在开始这段之前，我要先为你介绍一个人，他的名字叫作埃文斯，他是一位家住澳大利亚蓝山山脉的牧师。在天气晴朗、月亮不是很亮的时候，埃文斯牧师就会用一台笨重的望远镜去寻找那些离地球十分遥远并即将消亡的恒星。是的，他深深地着迷于观察夜空，但并不是为了寻找神秘的外星人，而是为了寻找恒星演化的一种归宿——超新星。

你知道超新星是什么吗？恒星的演化伴随着它的整个生命周期，不同质量的恒星有着不一样的寿命。其中，一部分质量比太阳大十倍或十倍以上的恒星会发生超新星爆发，而它们内部惰性的铁核心会坍缩为密度极高的中子星或者黑洞。超新星虽然名义上是"星"，却不属于我们所熟知的任何天体哦，它实际上指的是在宇宙中发生的非常罕见的一场超级大爆炸。

发现超新星可不是一件容易的事情。在一个由1000亿颗恒星组成的普通星系中，平均每200年到300年才会出现一颗超新星，并且从地球上望向天空，只有大约6000颗恒星能被人类的肉眼所观察到！幸好埃文斯牧师拥有一台16英寸的望远镜，这使他能看到50000到100000个星系，而每个星系都有着几百亿颗恒星。但即便如此，经过20多年的不懈努力，到2003年为止，埃文斯牧师也才发现了36颗超新星。

必然而恐怖的恒星爆炸

当你抬头仰望无垠的星空时，你看到的都是宇宙已经发生过的历史——这可不是在说大话，因为那些恒星都不是它们现在的样子，而是它们的

光射出时的样子。也许这么说你并不能完全理解，那让我们来换个说法：此时还在夜空中闪烁的星星，也许早在很久之前就已经消亡了，只是它距离地球太过遥远，我们没办法马上知道这个消息而已。事实上，恒星并不会永远存在，即便是和我们朝夕相处的太阳。

即使太阳的平均直径大约是地球的 109 倍，但你知道吗，这颗庞大的星球依然不能称为宇宙中体积最大的恒星。在宇宙中，仍有很多其他恒星——我们发现的或没发现的，它们的体积都要比太阳大得多！

大质量的恒星在迎来生命的终点时会发生剧烈的爆炸，这就是所谓的超新星爆发。超新星爆发时所产生的光芒，足以媲美整个星系发出的耀眼光芒，并且，在这个过程中，超新星爆发所释放出来的巨大能量，有时甚至能将另外一颗恒星吹离自己运转的轨道！

当然，埃文斯牧师在有生之年并没有目睹过恒星爆炸的壮观景象。你能想象将 100 万枚重磅炸弹压缩成一粒弹子大小吗？

中子星的核的密度可比这个还要恐怖许多，它里面一小勺的物质就有大约 5000 亿千克那么重——超新星爆发可以说是宇宙中最大的爆炸，它的破坏力远远超乎我们有限的想象力！如果埃文斯牧师曾有幸见到过恒星爆炸，那么地球早就已经不复存在了——这可不是开玩笑！

如果地球遭遇恒星爆炸

由于每个天体之间都隔着非常遥远的距离，所以人类想要仅凭肉眼观测就对宇宙的大小有个清楚的认知，这是绝对不可能发生的事情。实际上，我们很难准确地测量出地球与其他恒星的实际距离！不过，至少我们知道除了太阳，距离地球最近

让我们一起哀悼地球。

那可真是一场相当恐怖的大爆炸！

的恒星就是 α 星，它与我们相隔了 4.3 光年多。虽然这个距离听起来挺安全，但要是那里发生了爆炸，我们是没有时间来欣赏 α 星的光辉像泼洒的油漆一样照亮整个天空的。我们甚至连等待世界末日降临的时间都没有，大爆炸产生的力量会以迅雷不及掩耳之势将我们的皮肉从骨头上刮掉。

让我们来想象一下这个场景：当一颗恒星在地球附近发生爆炸时，爆炸的余波将以摧枯拉朽之势飞速席卷整个地球，而

人类也将在看到爆炸的瞬间就死于爆炸，地球上的其他生灵自然也逃不开与我们一样被无情毁灭的命运。届时，即使地球有幸没有被彻底摧毁，但在这个满目疮痍（chuāng yí）的星球之上再无半点生机可言。

事实上，我们至今还没能目睹任何一颗恒星走完它全部的生命历程。正如我们所知道的，不同质量的恒星有着不一样的寿命，依据恒星的质量，它的寿命可以短至几百万年，也可以长达上万亿年。但是，无论是哪一颗恒星的寿命，都要比人类的历史长得多。因此，关于恒星死亡后会变成什么样子，人类目前只能根据收集的数据和样本做一些猜想：超新星爆发后，恒星的核心会坍塌并收缩，而它的外部则会被驱逐成星云；有些质量足够大的核心会变为黑洞，而那些质量不够大的核心则有可能变为中子星。

如果它们都不爆炸的话……

恒星可真漂亮啊！

　　不过，我们都不用担心这种事情的发生，因为有资格发生超新星爆发的恒星，离我们最近的也在猎户座呢！虽然我们在地球上能清楚地看到猎户座，它的亮星不少，几乎全世界的人都可以在银河中发现它的踪迹，但猎户座实际上却离我们的地球远的不得了呢！

来测量地球吧！

　　在过去，因为科技水平不够发达，很多在今天看起来非常容易的事情，当时的人们却想都不敢去想。在没有计算机的年代，为了搞清楚地球到底长什么样、有多大、有多重，好奇的科学家先后想出了很多奇奇怪怪的法子！这一章，我们就来说说过去的科学家在认识地球这件事上到底有多努力！

地球的大小

人类对认识地球这件事情一直都充满了热情。在过去，许多人就曾试图利用有限的工具来测量地球的大小。比如，很久以前，地理学家就一直在使用一种名为三角测量法的方法，来收集他们想要的数据。三角测量法是由希腊天文学家喜帕恰斯创立的，它甚至可以被用来计算地球到月球的距离。

三角测量法以几何数学为基础，通过三角形一边的长度和两个角度，就可以计算出其他数值。举个例子，我去巴黎，你

去莫斯科，测量出我们之间的距离和我们分别望向月球的角度，就能计算出我们分别距离月球有多远了。但是，我们需要在这两个地方之间拉起沉重的链子，链子还必须拉得特别紧，因为我们要以此来测量两地相隔的水平距离——还有一点必须注意，那就是过热或过冷的气温会使链子热胀冷缩。

这种方法听起来绝对能把人累到吐血。但是没办法啊，当时可还没有雷达、计算机这些先进的发明，人们只能利用手边能找到的工具，来进行实地测量并计算出结果。话说，最先尝试使用三角测量法的人是理查德·诺伍德，他是一位年轻的英国数学家。他一丝不苟地完成了测量任务，并计算出了地球的每度经线的长度，而且这些数值只与真实长度相差不到503米！

地球的周长

科学考察并不总是有着愉快的结尾，比如 1735 年法国所进行的秘（bì）鲁远征。这次科学考察的目的是测量穿越安第斯山脉的距离，并最终计算出地球的周长是多少。这支队伍中有数学家皮埃尔·布格和军人探险家查理·玛丽·孔达米纳，以及其他几个成员。

但是，还没等这次考察取得一些进展，不知道出于什么原因，当地人非常愤怒地将这支队伍赶出了村庄。

　　之后，这支队伍就像被厄运紧紧地缠上了一样，队员死的死，伤的伤，逃的逃，能够工作的人越来越少，并且彼此之间出现了巨大的、不可调和的矛盾，尤其是布格和孔达米纳。

　　在那个并不和平的年代，生活在山区里的人很难相信，这群法国科学家不远万里来到此地，只是为了测量地球的周长——这听起来就充满了阴谋的味道。因此，无论这支队伍走到哪里，面对的都是当地人的怀疑和敌意。

　　但即使这样，布格和孔达米纳还是坚持执行着测量任务，虽然他们已经很久不跟对方说话了。他们一起蹚过激流，爬过高山，闯过森林，不屈不挠地度过了九年半的时间。但是，当这个项目终于接近尾声时，一个噩耗传来——另一支法国考察队发现地球正如牛顿所说的那样，并不是一个圆不溜丢的球体——这意味着以地球是球体为基础的测量活动毫无意义。

　　浪费了近 10 年的时间，布格和孔达米纳得到了一个他们根本不想得到的结果，并且这个结果还是其他队伍先发现的。他们受到了很大的打击，并在失望与伤心中结束了漫长而坎坷的测量工作，各自默默地返回了自己的家乡。他们依旧不愿意和对方讲话。

虽然他们不承认我的实验结果，但历史会记住我的贡献。

地球的质量

目前，大多数人都相信地球的质量大约是59.65万亿亿吨，这与英国著名物理学家亨利·卡文迪许得出的结果只相差1%左右。这里我们要先明确一下，质量和重量可不是一个东西：在物理学上，质量是物体的一种属性，它只由物体本身决定，一般不会改变；而重量是物体由于地球的吸引所受到的重力的大小，它是可以改变的。接着，我们就来说一说，在过去人们是如何得到这个结果的。

这可是个技术活儿！一点儿马虎都要不得！

地心占了地球总质量的大部分

1774年的夏天，英国地质学家查尔斯·赫顿跟随测量队伍来到了斯希哈林山。他利用等高线画出了这座山的整体形状和坡度，计算出了地球的质量大约是4536万亿吨，还推算出了太阳系里所有主要天体的质量。然而，这些实验结果并没有得到所有人的认可。

1789年，卡文迪许进行了有名的扭秤实验。扭秤是一种可以用来测量重力常数的仪器。卡文迪许经过数次精密而费时的实验，测出了地球的引力常数，从而计算出了地球的质量和平均密度。他宣布地球的质量大约是60万亿亿吨。虽然这听起来很不可思议，但牛顿早在110年前就估计出了这个结果，即使他一次有关实验也没做过。

实际上，虽然年近70岁的卡文迪许完成了扭秤实验，为牛顿的万有引力定律提供了强有力的支持，但他当时真正关心的其实是地球的密度，并没有涉及其他。值得一提的是，作为英国最伟大的物理学家之一，卡文迪许在他漫长的科研生涯中，只发表了仅仅18篇论文——其中还有不少是关于化学的！

你所不了解的地球

　　你知道吗，当牛顿说地球不是圆溜溜的球体时，在当时引起了多大的风波！每个时代的人们似乎都抱有同一种想法，那就是：我们已经足够了解地球了！但实际上，不管任何时候，世界上总有愚昧与真理并存，彼时是对的，也许下一秒就成了错的。但是，只有在这样不断纠正的过程中，人类才会离地球和宇宙最深奥的秘密越来越近。

地球不是个标准球体

　　牛顿认为，地球并不如人们所想的那样，是个圆溜溜的球体。这个发现在当时引起了很大的争议。根据他的理论，地球自转产生的离心力会导致地球变成一个扁球体——这颗行星的两极有点儿扁平，而赤道地区有点儿隆起。还记得上一章里倒霉的布格和孔达米纳吗？他们在测量地球的周长时，就误以为地球是个圆溜溜的球体，这才导致后来他们测量出来的结果失去了意义。不过，人类对地球的探索一直都伴随着无数的失败。多亏了百折不挠的科学家们，我们对地球的认识才能变得愈来愈深刻。

　　在近代，通过人造卫星发回来的数据和图像，人们发现地

球的赤道地区隆起得更加厉害了——这与地球的磁场变化脱不开关系。有些科学家认为，海洋或许是造成这种现象的原因。随着气候变暖，冰雪融化，较凉的融水注入了海洋，结果地球开始越来越像个橄榄（gǎn lǎn）球。这种情况应该在几万年前就已经发生了，只不过直到近些年，人类才发明出了能够观测地球变化的科学技术，并对此进行了跟踪。

事实上，即使地球不是一个标准球体，有些事情也不会发生改变。地球在围绕着太阳公转的同时，也在绕着自转轴自转。地球自转的速度在各个地方是不一样的，比如，赤道地区的自转速度大约是每小时 1700 千米，两极极点处的自转速度为 0，而英国伦敦的自转速度却大约是每小时 1046 千米。当然，如果我们把地球称为椭球体或扁球体也是没错的——毕竟不管是足球还是橄榄球，它们都属于"球"。

地球到太阳的距离

人类不仅对地球好奇，也对从地球上看到的一切充满兴趣。金星凌日作为罕见的天文奇观，自然也格外受到地球上的天文观测者的青睐。金星凌日总是成对出现，也就是每两次之间相隔8年，之后100多年间都不会再次出现。

作为一位出色的科学家，埃德蒙·哈雷曾提出，如果能在地球上选出几个位置来观测金星凌日，就可以通过三角测量法计

通过观测金星凌日，我们可以算出太阳和地球之间的距离。

算出地球到太阳的距离，并以此为基础得到地球与太阳系其他天体的距离。于是，1761 年，许许多多的科学家奔赴到了世界各地的 100 个观测点，准备亲眼见证这次难得的金星凌日。在这一次非凡的科学活动中，倒霉的人比比皆是，有的重病不治，有的遇到战争，有的死于海难，有的失去了自己的观测设备。值得一提的是，倒霉蛋让·沙佩，这

知识链接

地球外的太空垃圾

虽然当我们仰望星空时，并不会察觉到环绕着地球周围的太空垃圾，但事实上，它们的数量已经超过 1.7 亿件，总重量超过 4500 吨。太空垃圾指的是围绕地球轨道运动的人造无用物体，比如航天器在发射、爆炸或碰撞过程中脱落的碎片、逸漏的液体，以及报废的人造卫星或空间探测器等。近几年，随着航空航天技术的发展，太空垃圾对地球和空间站造成的威胁也越来越大。

实际上，地球的两极地区最适合进行天文观测，然而并不是所有天文学家或者天文爱好者都有机会去这里的

个来自法国的天文爱好者，因为把古怪的仪器对准了天空，而被一大群村民责难是他给当地带来了暴雨灾害。

让我们把时间快进到 1769 年。这一年，法国天文学家约瑟夫·拉朗德计算出地球与太阳的平均距离大概是 14.9 亿千米，这个数值已经很接近我们现在测量出来的距离——14.957 亿千米。另外，虽然很多科学家都参与了金星凌日的观测活动，但最后成功绘制出金星凌日图的却是一位名不见经传的英国船长，这多少有点儿出人意料了。不过，我们不得不承认人类的历史总是充满了偶然性。

让我看看地球上的哪个位置比较适合观测……

天才物理学家的双面人生

牛顿是享誉世界的英国物理学家，他提出了万有引力定律和牛顿三大运动定律，发展了微积分学，还发明了反射望远镜——但如果你因此认为他是个很好相处的人，那你就大错特错了！与他那些人人皆知的成就恰恰相反，生活中的他可是个脾气相当古怪又孤僻的人，他的不少朋友都曾遭受过他的"折磨"！

站住，小气鬼，快点把你的计算结果说出来！

我就不！我就不！

据说牛顿在晚年甚至患上了间歇性的精神病

也有人说，牛顿起床时反应迟钝是因为重金属中毒

聪明绝顶的怪人

牛顿绝对是个怪人。这全无贬低他的意思，我只是在陈述一个事实。

他啊，聪明得令人惊叹，经常干出一些非常有趣甚至危险的怪事，比如长时间注视着太阳，只为了知道这会对他的视力有什么影响，这最后导致他不得不在暗室里休息了好几天，等着眼睛恢复。

与他那显赫的名气相比，牛顿这个人却显得极度不合群，他对一切社交活动都敬谢不敏，总是敏感多疑地注视着自己的周围。据说，当他早上起床时，有时会突然冒出很多想法来，然后他就会一动不动地坐上几个小时。在学生时代，牛顿甚至因为对普通数学十分失望而发明了微积分，这是一种崭新的数学形式，但在之后的27年里，他却从未对任何人提起过这件事情。这种情况还发生在光学领域，牛顿在30年之后才把自己的成果拿出来与别人分享。

如果你因此以为牛顿是个沽名钓誉的人，那就大错特错了——实际上，牛顿对科学的兴趣并没有那么大。在他的一生中，至少有一半的工作时间都被花费在了炼金术和宗教活动上。牛顿生前一直潜心探索把普通金属变成贵金属的方法，然而正如我们都知道的那样，这件事情是绝对不可能实现的。

哈哈哈，快变出黄金来吧！我要黄金！

牛顿不仅痴迷炼金术，还热衷于研究各种神秘学

牛顿提出的理论

牛顿的著作《自然哲学的数学原理》（通称《原理》）一直被视为最难读懂的书。在这本书里，牛顿解释了行星、彗星等天体的运行轨道，并提出了万有引力定律和三大运动定律。而他之所以会把这本书写得这样晦涩，是为了不让那些所谓的数学"门外汉"来缠着他问东问西。这位任性至极的天才似乎并不在意别人能不能接受他的观点。

牛顿的理论核心是三大运动

看不懂，看不懂，我学得头发都要掉光了！

用自己的眼睛做实验

有一次，牛顿突发奇想，将一根用来缝皮革的长针插进了自己的眼窝，然后在后部的骨头之间揉来揉去，只为了知道这样做后会发生什么事情——幸好什么事情也没有发生，至少没有给他留下什么长久而严重的后遗症。这种匪夷所思的事情，普通人就连想象一下都会感到害怕和震惊吧？

> 让我看看它到底能不能扎进眼睛里……

定律，分别为：一、任何物体都保持静止或匀速直线运动的状态，直到受到其他物体的作用力迫使它改变这种状态为止（这一条又称惯性定律）；二、物体的加速度跟物体所受的合外力成正比，跟物体的质量成反比，加速度的方向跟合外力的方向相同；三、两个物体之间的作用力和反作用力，在同一直线上，大小相等，方向相反。

牛顿的万有引力定律则是说：自然界中任何两个物体都是相互吸引的，引力的大小跟这两个物体的质量乘积成正比，跟它们的距离的二次方成反比。万有引力与强相互作用力、电磁相互作用力、弱相互作用力并称自然界四种基本相互作用力，它存在于任何有质量的粒子或物体之间。

牛顿定律为迷茫的人类解释了很多现象：海洋里的潮水为

什么会飞溅和翻腾？行星为什么会这样运转？为什么炮弹会沿着一条特定的轨道落地？为什么我们没有被旋转着的地球甩进大气层？难怪连卓越的科学家埃德蒙·哈雷也不由得有感而发："没有任何凡人能比牛顿更接近神了。"虽然牛顿的身上也有许多缺点，但不可否认的是，像他一样能够留下划时代意义的成果的科学家真是屈指可数啊！

爱因斯坦的宇宙

　　1905 年的某天，一位德国科学家发表了一篇震惊世界的科学论文，它不仅将普通人搞得晕头转向，也让很多专业人士迷失在了粒子和反粒子的神奇世界里。这篇深奥的论文正是《狭义相对论》，而这位科学家也就是爱因斯坦。爱因斯坦的理论横空出世后，为人类纠结了几个世纪的问题找到了关键性的突破口！

哈喽，朋友们，我是人类探索宇宙的引路人！

爱因斯坦是世界公认的物理学天才

$E=mc^2$ 是爱因斯坦在狭义相对论中提出的著名的质能公式

$$E=mc^2$$

在神秘的宇宙中充满了许多不可思议的事情

狭义相对论让人类设想出了一种飞行速度接近光速的航天器——"光子火箭"

爱因斯坦与《狭义相对论》

在 19 世纪即将要过去时，科学家已经把物理学的大部分谜团都解开了。他们发现了 X 射线、阴极射线、电子和放射性，发明了计量单位欧姆（Ω）、瓦特（W）、开尔文（K）、焦耳（J）、安培（A）、尔格（erg），提出了一大堆多得数也数不清的定律，

除了狭义相对论，我还提出过广义相对论，当然这也是一种相当复杂的理论。

相对论是 20 世纪物理学史上最重大的成就之一

《狭义相对论》改变了人类长久以来的时空概念。

《狭义相对论》是一本很难读懂的著作，即使是对科学家而言也是如此

比如光的电磁场理论、里氏互比定律、查理气体定律、质量作用定律等。就在人们都以为物理学已经无题可解时，一位科学家横空出世了，他的名字叫作阿尔伯特·爱因斯坦。

在少年时代，爱因斯坦因为不想上战场而放弃了德国国籍，并进入苏黎世联邦理工学院进修教育专业，这个专业旨在培养中学教师。1900 年，他从学校毕业之后，开始向《物理学年鉴》这本杂志投稿，但当时并没有人去关注这个没有名气的年轻小伙儿。直到 1905 年，爱因斯坦发表了著名的《狭义相对论》，这在当时引发了海啸般的轰动。值得注意的是，他提出的那个了不起的等式 $E=mc^2$ 并没有在这篇论文中出现，而是被发表在了几个月之后的一篇短小的补充里。

别看我不发威，我的能量可大大超乎你的想象！

在这个等式中，E 代表能量，m 代表质量，c^2 代表光速的平方。可能这些内容已经远远超乎了你的知识储备，那就让我们换种简单的方法来理解它：质量和能量是等价的。它们是同一种东西的两种形式。你肯定知道 c（光速）是个超级大的数字，那么 c^2（光速的平方）的数字就更不用说了——这也意味着，按照 $E=mc^2$ 这个等式，就可推断出每个有质量的物体里都蕴藏着极其巨大的能量。

我觉得不一定！

但是，以太真的存在吗？

以太无处不在、无时不在！

以太是一种看不见也摸不着的粒子。

广义相对论和狭义相对论共同组成了相对论，它们都对牛顿的经典力学体系进行了修正。不过，牛顿的经典力学体系并不是错误的，而是它的适用范围是有限的，相对论解决了其不适用于光学的问题。那么，广义相对论比狭义相对论究竟"广"在哪里呢？简单来说，广义相对论的适用范围更加广一些，其涉及了物质间的引力相互作用。值得一提的是，"黑洞"这个概念就脱胎于广义相对论。

解决宇宙最深奥的谜团

虽然人类已经在探索宇宙的道路上走了很远，但宇宙却总是"犹抱琵琶半遮面"，从不允许有人能够真正地看透它。然而多亏了爱因斯坦，很多地质学家和天文学家这才豁然开朗，看到了一个与之前大不一样的世界。爱因斯坦的等式解释了放射作用是如何发生的，恒星为什么可以燃烧几十亿年而不会把燃料用尽，并说明了古希腊学者所设想的以太——一种神奇物质并不存在。

当然，《狭义相对论》只是一个开始，在接下来的10年时间里，爱因斯坦又开始思考：如果一个运动中的东西，尤其是光，遇到了比如引力这样的障碍会怎么样？于是，1917年，爱因斯坦发表了论文《关于广义相对论的宇宙学思考》。简单来说，广义相对论是一个关于时间、空间和引力的理论，它具有划时代意义地指出万有引力并非普通的力，而是时空弯曲的几何效应。爱因斯坦还发表了一个描述场的运动规律的二阶张量方程，也就是场方程，用以计算空间物质的能量、动量分布以及空间的弯曲状况。不过，值得一提的是，广义相对论也没有很快被人们所接受，许多物理学家当时都对此持观望态度。

在爱因斯坦的宇宙里，空间和时间不是绝对的，而是相对于观察的人和被观察的东西变化的。时间是空间的组成部分，它是可以改变的、不断变化的，它甚至还有自己的形状。用霍金的话来说，时间和空间"无法解脱地交织在一起"——于是，

知识链接

黑洞的秘密

宇宙中有一种非常特殊而神秘的天体，它在各种科幻小说中频繁出场，被描述成极其诡异又危险的存在——它就是黑洞。爱因斯坦于 1916 年发表的广义相对论曾预言过黑洞的存在，但当时大多数天文学家都不相信。然而随着研究的不断深入，人们发现只建立在理论基础上的黑洞原来是真的存在的。2019 年 4 月 10 号，人类历史上第一张黑洞照片横空出世，经过多年的想象，人们终于有机会一睹黑洞的真容。

所谓的时空就不可思议地形成了。通常，我们对时空是这样解释的：请你想象一样平坦而又柔韧的东西，比如一块地毯，然后在上面放一个又重又圆的物体，比如铁球，铁球会使它下面的地毯伸展并下陷。这笼统地说明了一个巨大的物体，比如太阳（铁球），会使时空（地毯）伸展、弯曲、翘起来。

眺望更遥远的宇宙

宇宙到底存在了多久？它又有多大？如果想解开这两个问题，人类非得把目光放向更遥远的地方才行。为此，科学家们先后制作了折射望远镜、反射望远镜、折反式望远镜，以及飘浮在宇宙中的空间望远镜。借助天空中永远不变的光点，以及越来越先进的各式望远镜，我们正离被宇宙隐藏起来的那些秘密越来越近。

没有望远镜，我们很难看清楚其他星球的表面长什么样

不断变化的宇宙

爱因斯坦认为，宇宙总是在膨胀或收缩——这的确是正确的，但他却将这一点建立在了当时的主流观点之上，即宇宙是固定的、永恒的。后来，他曾坦言："这是我一生中所犯的最大错误。"

与他同一时期，在美国亚利桑那州的洛威尔天文台的另一

位天文学家维斯托·斯莱弗，发现恒星似乎正在离我们远去。如果你对天文学有些了解，那你一定知道，著名天文学家珀西瓦尔·洛威尔曾在这个天文台研究过火星上的"运河"。从任何层面上来说，洛威尔天文台都是世界天文学研究的前沿阵地。斯莱弗第一个注意到了，恒星和星系之间呈现看得见的颜色，是因为它们在不停地运动。不幸的是，在那个信息闭塞的年代，

斯莱弗不知道爱因斯坦的相对论，世界也不知道斯莱弗。因此，世人当时并没有把目光放在斯莱弗身上，自然也不会注意到他的发现。于是，这项荣誉就被授予了另一位天文学家——埃德温·哈勃。

这位闻名世界的天文学家在有生之年有过很多重大发现，但从某种意义上来讲，他是个擅长观察却不大擅长动脑子的人，没能在理论上有所建树，而是把机会留给了乔治·爱德华·勒梅特——一位比利时的传教士。勒梅特创造了类似现代的宇宙大爆炸理论的"烟火理论"，但那时世界还需要几十年的时间来做准备，所以他也毫无例外地被人们忽视了。如今，我们已经知道宇宙不是稳定的、固定的和永恒的，并且因为宇宙起始

于一个"奇点"，所以它极有可能还存在一个终点。

哈勃空间望远镜

在过去的时代，世界各国的研究机构相互竞争，各自建设了许多大型望远镜，其中著名的太空望远镜包括巨型麦哲伦望远镜、詹姆斯·韦伯空间望远镜、伽马射线望远镜、朱雀号空间望远镜等。但要说世界上最著名的空间望远镜是哪一台，那不得不提的就是发射于1990年4月24日的哈勃空间望远镜了。哈勃空间望远镜的名字来源于美国天文学家埃德温·哈勃。

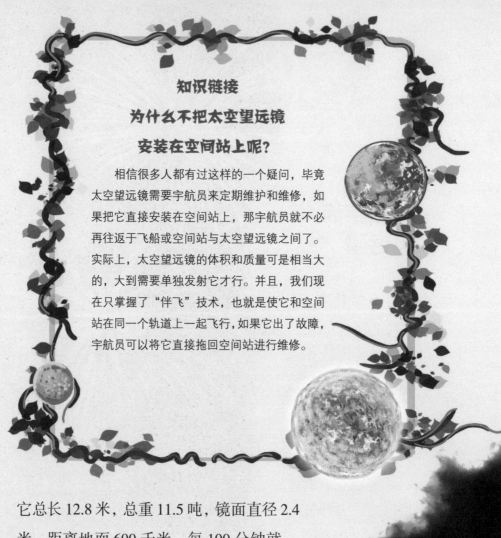

知识链接

为什么不把太空望远镜
安装在空间站上呢?

相信很多人都有过这样的一个疑问，毕竟太空望远镜需要宇航员来定期维护和维修，如果把它直接安装在空间站上，那宇航员就不必再往返于飞船或空间站与太空望远镜之间了。实际上，太空望远镜的体积和质量可是相当大的，大到需要单独发射它才行。并且，我们现在只掌握了"伴飞"技术，也就是使它和空间站在同一个轨道上一起飞行，如果它出了故障，宇航员可以将它直接拖回空间站进行维修。

它总长 12.8 米，总重 11.5 吨，镜面直径 2.4 米，距离地面 600 千米，每 100 分钟就会绕地球转一圈。

哈勃空间望远镜可以独立完成许多天文研究工作，并将收集来的数据发送回地球，再由空间望远镜科学协会负责将这些数据交付给天文学家。哈勃空间望远镜避免了地球大气及恶劣天气的干扰，弥补了地面观测的不足，能使人类观测宇宙的视野扩大整整350倍！在它的帮助下，人类能够看到宇宙中140亿光年前发出的光，收集到大约137亿年前大爆炸后不久正在形成的、非常遥远的"婴儿星系"的清晰照片。哈勃空间望远镜的存在，给天文学的发展带来了突破性的变化。

哈勃空间望远镜不会受大气层的影响，它可以全天候地观测太空

服役30余年的哈勃空间望远镜就快要退役了

地球之所以在镜头中看起来是蓝色的，是因为大气层会散射太阳光

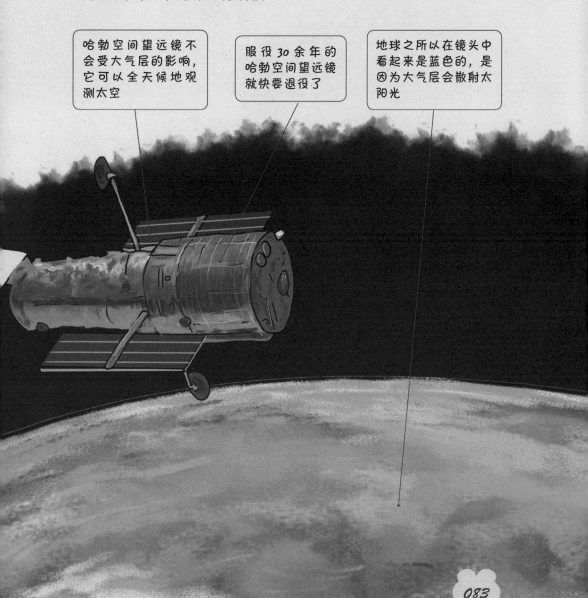

天文学家埃德温·哈勃

    哈勃空间望远镜就是以美国著名的天文学家埃德温·哈勃的名字来命名的，可见美国有多重视他对天文学的贡献，有多以他为骄傲！有人将埃德温·哈勃称为20世纪最杰出的天文学家，因为他不仅发现了新的星系和造父变星，还提出了宇宙正在膨胀的理论。很难说不是这些过人的成就，让他变成了个实打实的"自恋狂"！

红移与"标准烛光"

    在20世纪初期，人们对宇宙的了解少得可怜。当埃德温·哈勃第一次把脑袋伸向天文望远镜时，人们还认为世界上只存在一个星系——银河系。但很快，哈勃就打破了人们的固有观念。

    在将近10年的时间里，哈勃潜心钻研着有关宇宙的两个最基本的问题：宇宙已经存在了多久？宇宙究竟有多大？为了解答这两个问题，我们必须要知道某类星系距离我们有多远，以及它们以何种速度远离我们而去。这里，我们要引入两个概念——红移与"标准烛光"。红移是指由于多普勒效应，离我们远去的光会向光谱的红端移动，而向我们靠近的光会向光谱的紫端移动。"标准烛光"是指那些可以算出亮度的恒星，它

们可以作为测算其他恒星的亮度的基准，帮助我们计算出恒星之间的相对距离。

但是，这两项杰出的成就都不属于哈勃。哈勃的伟大之处在于，他将德国女天文学家亨利埃塔·斯旺·莱维特以及维斯托·斯莱弗的成就结合在了一起，开始以一种焕然一新的目光观察起宇宙来。之后，哈勃发表了一篇具有划时代意义的论文，他向世人表明宇宙中并非只有银河系，还存在着许许多多独立的星系，并且其中有很多星系的范围比银河系更为广阔。

知识链接
宇宙不会裂开

虽然我们在文中说过，宇宙不仅正在膨胀，而且正在加速膨胀，但是宇宙在未来究竟会变成什么样子，还得从两个方面看：除了宇宙因为自身的膨胀而变得越来越大，还存在着一种强大的力——一种能使宇宙聚集在一起的引力，它让宇宙能够维持成一个整体，而不会变得四分五裂。

　　除此之外，哈勃还发现宇宙正在不断地膨胀。1929 年，哈勃用多普勒效应测量了星系的运动速度，并通过造父变星测量了星系的距离，结果他惊讶地发现天空中的所有星系竟然都在离我们而去，并且离我们越远的星系离去的速度越快。于是，他又提出：宇宙正在均匀地向着各个方向扩大，而且速度很快。看来，宇宙比我们想象的还要神奇得多！

他的传奇一生

　　埃德温·哈勃出生在美国密苏里州的一个小镇，比爱因斯坦小 10 岁。他的父亲是一位成功的保险公司经理，因此他从小就生活条件优渥（wò），受到了良好的教育。他身材高大，相貌英俊，魅力十足，不管在运动上还是学习上都是出类拔萃的。他不费吹灰之力就考上了芝加哥大学，后来还拿到了牛津大学首批罗兹奖学金。但是，他也是个爱吹牛皮的说谎大王，比如，他曾声称自己在20世纪20年代的大部分时间里去了肯塔基州当律师，但实际上他那时正在印第安纳州一所学校里当中学教师和篮球教练。

1919年，30岁的哈勃开始在威尔逊山天文台工作，并很快成为20世纪最杰出的天文学家。接着，1936年，哈勃出版了一本名为《星云王国》的书，这本书得到了广大读者的欢迎。虽说打着"星云"

知识链接

银河系到底有多大

你能想象到吗，在100多年前，人类竟然还傻傻地以为银河系就是宇宙的终点。然而，在埃德温·哈勃发现宇宙中还存在着其他星系后，我们把目光投向了更遥远的空间，并发现了越来越多的、各式各样的星系，比如葵花星系、仙女座星系、草帽星系、海豚星系、大麦哲伦星系、小麦哲伦星系等。地球上的天文学家甚至还曾试图精确测算银河系的形状和大小，不过正如我们所知道的那样，这项疯狂的任务最后以失败告终了。

的旗号，但这本书多少像是他的自传，因为全书 200 页左右的
内容，绝大部分都是哈勃在以得意扬扬的笔调去叙述自己有过
多少重要的成就，而仅有 4 页谈论了爱因斯坦的理论。

　　1953 年，哈勃因为心脏病发作去世。
不知出于什么原因，他的妻子拒绝为他
举行葬礼，并秘密处理了他的尸体。
至今，我们仍无从知晓这位伟大的
天文学家最后的归宿在哪里。为了
纪念哈勃，美国发射了以他的名
字命名的哈勃空间望远镜，而
此时此刻，它还在围绕着地
球日复一日地运转着呢！

砰！一撞成名的曼森

英国地质学家德雷克·V.埃基尔曾说过："地球的任何一部分历史，都像一个士兵的生活——长久的无聊和短暂的恐怖。"这句话放在曼森这座小城身上也同样合适。在很久之前，它还一直只是一个再普通不过的海滨小城，直到越来越多的证据证明，在很久之前曾有一块来自天外的陨石在这里砸出了一个超级大坑！

陨石砸到地表的概率远远大于砸到人的概率

曼森大坑的发现

其实在很久之前，人们便发现美国艾奥瓦州曼森镇下面的泥土有点儿不一样。1912年，负责当地打井工作的人报告说，他不仅在地下挖出了很多奇形怪状的石头，还发现涌出来的水十分奇

从太空中飞来的天体即将穿越地球的大气层

特，因为它几乎算是雨水般的软水，但艾奥瓦州可从来都没有发现过天然的软水。然而，直到41年以后，曼森这种非同寻常的情况才引起了人们的注意，但艾奥瓦大学也只是派了一个小组到这里来考察。

1953 年，在经过一系列实验性的钻探后，艾奥瓦大学的地质学家得出了结论，这个地方确实有点儿反常，可能是古代的一次火山活动造成的。于是，这些人就这么马马虎虎地错过了这个惊人的发现。因为曼森的地质创伤，根本不是地球的内因造成的，而是来自过去某个非常遥远的时刻：一块巨大的岩石

我的上帝啊，
谁来救救我？

幸亏喷出来
的不是滚烫
的温泉

从宇宙飞来，突破了地球的大气层，从天而降，"砰"地一下砸在了地表上，在如今曼森所在的地方留下了一个近5千米深、30多千米宽的大坑。可惜的是，250万年前滑过的冰盾已经用冰碛把这个大坑给完全填平了，接着又把它磨得十分光滑，因此今天我们已经无法目睹这样的奇观了。或许这也是人们没能第一时间发现曼森大坑的原因。

到了20世纪80年代，曼森突然名声大噪，成了全球地质界最炙手可热的场所。那时，为了证明恐龙的灭绝与小行星或彗星撞击有关，人们开始放眼世界去寻找一个足够有说服力的撞击现场，多亏了地质学家尤金·苏梅克，大家的目光转向了一直默默无闻的曼森大坑。虽然事

后人们发现曼森大坑不仅很小，它出现的时间也比恐龙灭绝的时间早了 900 万年，但它仍是美国本土最大、保存最完好的陨石坑。

知识链接

最大的陨石

希克苏鲁伯陨石坑在墨西哥的尤卡坦半岛被发现，陨石在撞击地表后已经完全蒸发，只留下一个整体上看似椭圆形的超级大坑。它一度被认为是地球上最大的陨石坑，直到人们发现了南非中部的弗里德堡陨石坑。许多科学家推测，这次发生在大约6500 万年前的猛烈撞击，在当时很可能造成了地球环境的骤变，并导致了白垩（è）纪—第三纪灭绝事件。

丹尼尔与陨石坑

说来也怪，在当时甚至连很多曼森人都不知道这个大坑的存在，小镇上没有修建任何历史标志物，也不长久性地展出什么东西，甚至办了个所谓的"大坑节"也跟曼森大坑毫无关系。然而，这些其实都是可以理解的，因为生活在那个年代的人们对陨石坑的了解实在是太有限了。

1903年，工程师丹尼尔·M.巴林杰耗巨资买下了美国亚利桑那州的一个陨石坑——这个陨

石坑如今是地球上最著名的撞击现场，也是非常受欢迎的旅游胜地。但是，丹尼尔·M.巴林杰的目的可不是要保护这里。实际上，他认为这个大坑是由一块1000万吨重的陨石造成的，里面含有大量的铁和镍（niè），如果他能把这些金属挖出来，那么这将会给他带来一大笔财富。当然，这美好的愿望最后成了泡影，正如我们今天所知的那样，在陨石撞击地表的那一瞬间，它的绝大部分都会化为虚无的水蒸气——即使丹尼尔再挖上26年，他也只会一无所获。以上这个故事，虽然只是人们认识陨石坑这个过程里的一个小片段，但也足够能反映人们曾对陨石坑和陨石产生过不少误解。

小行星与地球的别样缘分

19世纪初，世界上掀起了一阵寻找小行星的热潮，但那时人们都忘了要对结果进行整理这件事，所以在很长一段时间里，谁都很难分清哪颗小行星是新出现的，哪颗小行星又是出现后就消失了的。多亏后来涌现的那一群有识之士，很多失踪的小行星才被渐渐清理了出来，而人们也意识到这种天体在宇宙中竟然如此之多！

炙热的火星

躲在它们空隙中的小行星

庞大的木星

是谁发现了小行星

在太阳系中，火星和木星的轨道中间有着一个巨大的空隙，这引起天文学家的极大兴趣：究竟是真的就存在着空隙，还是因为里面的天体都渺小得无法引起我们的注意？第一次发现小行星是在19世纪初期，意大利天文学家朱塞比·皮亚齐在这个空隙中发现了一个渺小到令人惊异的天体——谷神星，但他却把它当作了行星。接着，不莱梅的一个医生奥伯斯在闲暇时间进行的天文观测和研究中，发现在与前者的同一片区域里

慢慢数，我又发现了好多个！

又出现一个新天体——智神星。

在此之后的 3 年里，人们又发现了两颗，加上之前发现的，一共发现 4 颗小行星了。这样过了差不多 40 年，到了 1845 年，德国观测者亨克发现了第 5 颗小行星。第二年，达到了 6 颗。直到 19 世纪末，人类发现的小行星已经多达 1000 颗。但是，令人遗憾的是，在这个寻找小行星的活动中，谁也没有对它们进行过系统的记录。于是，这种糟糕的状况出现了：到了 20 世纪初，人们经常分不清哪颗小行星是刚刚出现的，哪颗小行星是失踪了一段时间后再次出现的。

在整个 20 世纪，人们都在做大量的统计工作。从 2001 年 7 月以来，科学家先后确认了 26000 颗小行星，并为它们取了名字，而其中大多数实际上都是在之前两年里完成的。但是，

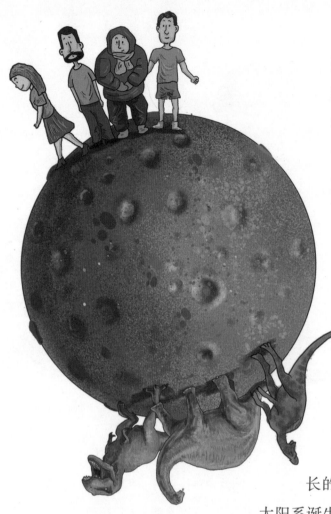

这还远远不够，因为有科学家推测，宇宙里还有数亿颗小行星等待确认和命名，我们的统计工作显然才刚刚开始。

来自宇宙的致命撞击

小行星是比行星更小的天体，说它是行星的碎片也没有大问题，它有各式各样的形状，长的、圆的、不规则的。在太阳系诞生时，这些本该成为行星的天体相互碰撞，裂成了碎片，没能成长为行星的大小，结果便成了在宇宙中飞行的小行星。

虽然我们为小行星取了名字，但从某种意义上来讲，这样的统计工作其实并没有什么作用，因为我们控制不了它们的轨道，也无法预测它们的行为。也就是说，当一颗小行星向我们的地球飞来时，我们第一时间是无法确定它到底会不会撞上我们，要等差不多到了最后关头，也许是最后几个星期，我们才能知道结果——这时候，我们可能已经什么事情都做不了了。

然而，灭绝一个物种绝没有我们想象得那样容易！事实上，并不是来自外层空间的每一次撞击，都会导致地球上的生命消失。比如，在曼森那里发生的撞击虽然看起来很恐怖，但实际上却连一种生物都没有因此灭绝，并且像曼森撞击这样的事情每100万年就会发生一次。有些科学家也一直反对将恐龙的灭绝归因为一颗小行星或彗星的撞击。生命是非常顽强的，只要一个种群有足够的幸存者，那它就永远不会被毁灭。但这也从侧面说明了一件事情：地

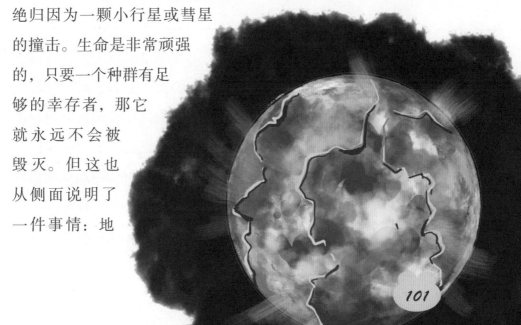

球本身就是个危险的地方，它远没有我们看上去的那样平静和安全。

非常走运的地球

你知道吗，1991年，一颗小行星曾惊险地与地球擦肩而过，这是人类知道的第一颗可能造成危险的小行星。然而，当我们发现这个恐怖的事实时，它已经贴着地球飞过去了。现在已经发现的众多小行星中，大概有1400颗的轨道可能与地球的轨道相会，我们把这些小行星称为近地小行星。在上千颗近地小行星之中，又有500多颗的直径约为1千米，不管它们其中哪一颗的轨道与地球的轨道发生了交叉，都有很大概率会撞击地球，并对我们的家园产生毁灭性的影响。

但幸运的是，月球和木星会阻止这样的事情发生——许多小行星或者小天体在它们的引力作用下无法靠近地球。可以说，月球和木星是我们的天然保护伞。

1994 年 7 月 6 日，人类首次目睹了宇宙里的一次撞击。当时，苏梅克－列维 9 号彗星（包含 21 个碎块）向木星飞了过去，对木星进行了持续一个星期的"狂轰滥炸"，其中名为"核 G"的碎块更是在木星表面造成了一个地球大小的伤口。这样具有冲击性的事实，对一些看不上撞击理论的科学家造成了决定性的打击，他们从来没有想过，来自外层空间的撞击竟然会如此令人畏惧！很难想象，如果不是木星，而是地球遭受了这样的撞击，将会出现怎样的一番场景。

无比奇妙的 陨石时代

快点接住它们！

　　这一章，让我们来了解一下陨石。陨石又称陨星，指的是从外层空间穿过地球大气层而陨落到地球表面上的天然固态物体，里面可能包含岩石、金属等物质。它们有大有小，形态各异，小的直径甚至不足 1 毫米，而大的有一个足球场那么大，甚至更大！通过这些"不速之客"，科学家终于搞清楚了地球的确切年龄。

放射性碳年代测定法

　　直到 1940 年，人们能够确认的最古老的年代不超过公元前3000 年。而在此之前的历史，比如最后的冰盖是在某个时候消退的，或者我们的祖先曾在某个时候装饰过自己的洞穴，对于

104

人类来说都还只是一个个推测，谁也不敢拍胸脯保证它们就是那个时期真实发生过的事情。让我们把时间快进到 20 世纪 40 年代，得益于科学家威拉德·利比发明的放射性碳年代测定法，人们终于有希望知晓地球更遥远的过去了。

借助放射性碳年代测定法，科学家可以测出骨头等有机残骸的精确年代，而这件事情在过去可是办不到的。在化学上，有机物通常指的是碳的化合物，但不包括碳化物、一氧化碳、二氧化碳、碳酸盐及氰（qíng）化物。简单地说，有机即含碳的。利比认为，所有生物体内都含有一种特殊的放射性碳——碳-14，随着它的原子发生衰变，它也会开始以稳定的速度衰变。只要有机物的死亡时间不超过4万年，利比就可以通过计算残骸（hái）里面还剩下多少碳-14来确定它的年代。

之后，虽然科学家不断改进并发展着这类技术，但还是有一些问题始终无法得到解决。事实上，不管是放射性碳年代测定法，还是后来出现的每一种技术，它们都有着巨大的缺陷——无法测定无机物质的年代，比如岩石。人类想要靠它们搞清楚地球的年龄显然是不太可能的。

搞清楚地球的年龄

接下来轮到克莱尔·彼得森登场了，他是一位美国的地质化学家。1948 年，在芝加哥大学求学的他，受教授哈里森·布朗的委托，开始研究起地球的确切年龄，并为此专门选择了一些岩石，想要十分精密地计算里面铅与铀的比例。

铅，我们已经很熟悉了，现在来说一说铀（yóu）。铀是一种放射性元素，据说它形成于大约 66 亿年前的超新星之中，广泛存在于地壳的许多岩石里。测定地球年龄的关键就在于，参与测定的岩石样本必须是极其古老的，不仅里面要有含铅和铀的晶体，它们的古老程度也要无限接近于这颗行星。

这块石头有多少岁了？

这时，一个艰巨的问题来了，由于无数次的地质活动，地球上已经很难找到真正古老的岩石了。

在彼得森所处的那个时代，地质学并没有得到很大的重视，想要找出解决问题的办法，他只能依靠自己的力量。幸运的是，他出色地完成了自己测定地球年龄的目标，因为他聪明地想到可以利用来自地球之外的陨石来绕开岩石短缺的问题。而当他把注意力转向陨石时，他提出了一个很有远见的假设：实际上，

太阳系在形成初期剩下了许多"建筑材料",它们后来虽然成了四处流浪的陨石,却还多少保留着原始状态。通过测定这些陨石的年代,我们就能知道地球的年龄。最后的结果证明,彼得森的想法是非常正确的。

1953 年,彼得森利用同位素法最早测定了地球的年龄约为45.5 亿年,这个数字至今还在沿用,据说误差仅 7000 万年哦!就这样经过几代人的不懈努力,我们的地球终于有了自己的年龄。

哎呀，地球怎么又生气了？

轰隆隆，大地震来了！

哎呀，在茫茫宇宙中好心收留了我们的地球，将它大部分的"坏脾气"都藏在了自己的"心里"，这让我们光看外表很难明白它为什么会"怒火中烧"。突然而至的地震总是令我们胆战心惊，因为它不仅会将建筑物撕成碎片，给我们造成巨大的经济损失，还会使很多人死于非命或失去自己的亲人。

里氏震级

1935 年，两个美国地质学家发明了一种方法，可以将前一次地震和后一次地震进行比较。他们一个叫作贝诺·古登堡，一个叫作查尔斯·里克特。但是由于某些原因，震级的名称几乎马上就被叫作里氏震级，然而里克特本人却并不在意这个署名权。

对地质学不太了解的人时常会对里氏震级产生误解，在早些年，甚至有人以为这是一台看得见、摸得着的机器并要求参观。实际上，里氏震级只是一个概念，可以帮助人们更清楚地认识地球震动的幅度，比如 7.3 级地震比 6.3 级地震强 50 倍，比 5.3

级地震强 2500 倍。震级越高，地震越强烈。但是，地震可不存在上限和下限——也就是说，在未来发生的每一场地震，都有可能比我们之前经历的更加强烈。

　　震级仅仅是一种测量强度的简单方法，它无法告诉人们地震究竟造成了多么严重的破坏。即使是一场不太强烈的地震，可能也会给人类带来大面积的伤亡和难以计算的经济损失。事

112

实上，地震造成的破坏很大程度上取决于各种各样的具体因素，比如底土的性质、地震持续的时间、余震的次数和强烈程度，以及灾区的人口密集程度，等等。就和我们给小行星命名一样，从某种意义上来讲，给地震标注震级，对阻止地震发生起不到任何作用。时至今日，我们对地震的成因仍知之甚少，也很难精准地预测地球会发生地震的时间。

恐怖的大地震

地震是相当常见的一种地质活动，世界上平均每天都要发生两次以上 2.0 级或以上的地震。但想要准确而快速地测量出地震的等级，却依然是一件非常困难的事情，有时在一次地震

发生很久之后，某些权威机构还会调整它的震级。比如，1960年发生在智利近海太平洋里的大地震，一开始被记录为8.6级，后来又被上调为9.5级。这次地震引起了巨大的海啸，失控的海水不仅破坏了夏威夷的许多地方，更是波及遥远的日本和菲律宾，使很多人殒命。

神奇的是，地震往往集中发生在某些固定地区，比如太平

地震甚至能毁灭一座山

洋沿岸地区，也就是环太平洋地震带。不过从理论上来说，地震几乎可以发生在地球上的任何地方，即使是在看似无比安静的南极和北极。历史上有记载的最强烈的地震，可能是1755年万圣节发生在葡萄牙里斯本的那一次。

1755年11月1日，快到上午10点的时候，里斯本这座城市突然开始摇晃起来，强烈的摇晃持续了整整7分钟。港口里的海水受地震影响形成了15多米高的巨浪，疯狂地涌入了城市。

第一次地震结束后大约3分钟，第二次地震就紧接着到来了。之后是第三次地震，也就是最后一次地震，它与第二次地震只隔了大约两小时。在这次恐怖的大地震中，有6万人死于非命，无数建筑物被夷为平地，里斯本变成了一片瓦砾（lì）遍地的废墟。

何时还会轮到东京?

日本位于环太平洋地震带，是个地震频发的国家，而东京恰好位于日本三个构造板块的汇合处。1995年，日本的另一座城市神户发生了一次7.2级地震，造成了6394人不幸罹（lí）难，以及高达990亿美元的经济损失。但是，这和将来东京可能要遭受的相比算不了什么。

地震的威力是巨大的

　　在近代，东京曾遭受过一次破坏性极大的地震，后来人们将其称作关东大地震。那是 1923 年 9 月 1 日的近中午时分，残酷的灾难突然而至，这次比神户地震强烈 10 倍以上的地震导致了大约 20 万人死于非命。但自此以后，东京一直都是静悄悄的，再没有出现过什么大动静。试想一下，东京地下的张力已经积聚了几十年之久，它不会凭空消失，到头来肯定还是要爆发的。然而，东京什么时候会再发生地震，又有多少人会因此遭受不幸，这些我们现在还不得而知。但据估计，这个潜在的威胁可能将会造成高达 7 万亿美元的经济损失！这真是太可怕了！

地震会让很多人无家可归

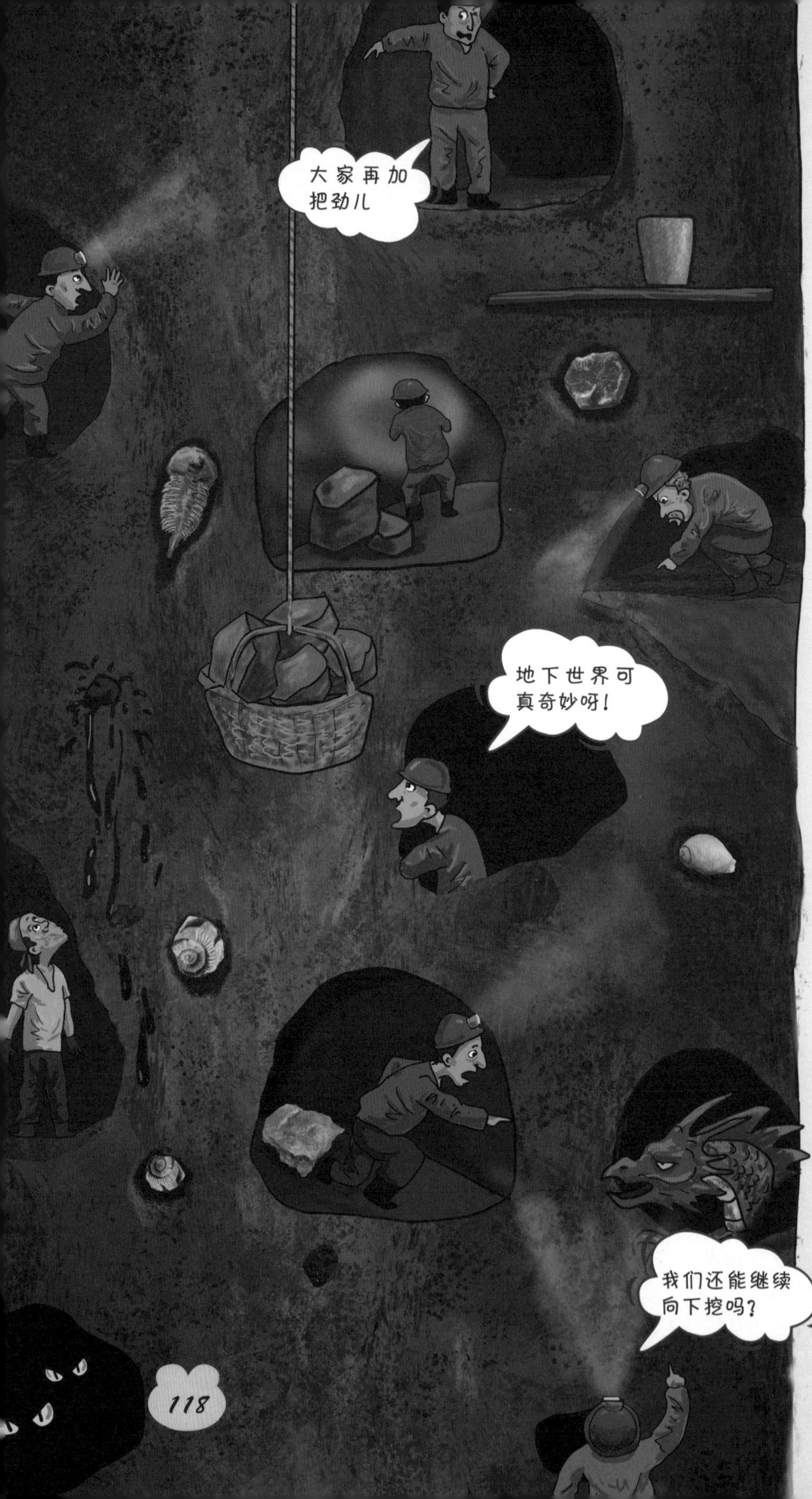

大家再加把劲儿
地下世界可真奇妙呀！
我们还能继续向下挖吗？

人类脚底下
正在发生的事

从很久以前开始，因为科技水平的限制，人类对地球的观察就多停留在它的表面。即使经过这么多年，我们一直不懈地努力着，想要有一天能进地球里面看一看，但可惜这个愿望至今也未能实现——人类依旧对自己脚底下正在发生的事情了解甚少。这一章，就让我们来说一说神秘的地下世界。

往下，往下，再往下！

我们对自己脚底下正在发生的事情知道得太少了。实际上，直到近一个世纪以前，科学家对地球内部的了解并不比矿工知道的多到哪里去——我们在土里一直向下挖就会碰上岩石——就是这些而已。虽然南非有一两个金矿达到了 3000 米以上的深度，但我们在地球上挖的大多数矿井的深度实际上都不足 400米。如果我们把地球比作一个苹果，人类不过是刚刚扎破了它那层薄薄的皮。

虽然我们现在还不能亲眼看到地球里面长什么样，但是随着科学家的努力，我们终于对地球内部的层次有了一个模糊的判断。

1906 年，在审阅危地马拉一次地震的地震仪读数时，一位名为 R.D. 奥尔德姆的爱尔兰地质学家推断出：地球存在一个地核。

1909 年，在研究一次地震的曲线图时，一位名为安德烈·莫霍洛维契奇的克罗地亚地震学家发现：在地壳与地幔间存在一个特殊的区域，它将地壳与地幔分成了两个界面。这个区域后来一直被称作莫霍洛维契奇不连续面，也就是我们常说的莫霍面。

1914 年，贝诺·古登堡（里氏震级的发明人之一）发现在

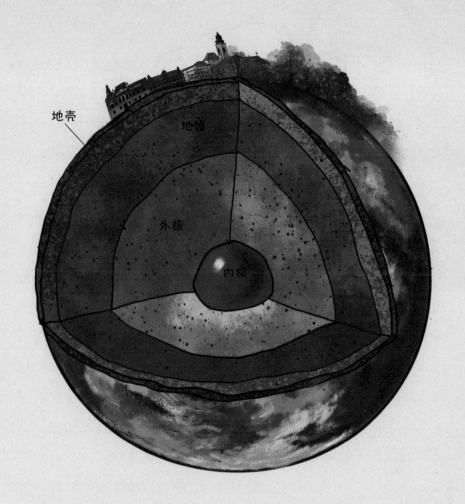

地下大约 2900 千米、位于地核与地幔之间的地方存在一个特殊的界面，后来人们将其命名为古登堡界面，简称古登堡面。

1936 年，一位名为英·莱曼的丹麦科学家有了更多的发现：地核由两个部分组成，一部分是坚硬的固态内核，一部分是产生磁力的液态内核。

如今，科学家普遍认为，我们脚下踩着的地球可以分为三个部分：地壳、地幔、地核。地核又分为内核和外核。莫霍面是地壳与地幔的分界面，古登堡面是地幔与地核的分界面。

地球上各个地方的莫霍面的厚度是有区别的。

地壳、地幔与地核

地球什么时候有了地壳，怎么形成了地壳，这两个问题将地质学家分成了两大阵营。一方认为，地壳产生于地球诞生时，是突然出现的；另一方认为，地壳是逐渐形成的，而且时间比较晚。地质学家在这两个问题上投入了充沛的热情。大约在1970年，地质学家意识到地底下的实际情况非常复杂，这个消息把大家都吓了一大跳，堪比科学家们花了几十年的时间才搞清楚地球的大气层的层次以及风的成因。下面让我们来了解一下这个神秘的地底世界吧！

地壳指的是从地表到莫霍面由各种岩石构成的圈层，它是岩石圈的重要组成部分。岩石圈就是地球外壳固体圈层，由地壳和上地幔的岩石所组成。简单来说，它就是地球表面的固体部分。岩石圈位于软流圈（又称软流层）之上，而软流圈位于地幔与岩石圈之间，由熔融态的岩石组成，它接近于固态，但略有流动性。

地幔位于莫霍面与古

地壳

莫霍面

地幔

内核

外核

古登堡界面

登堡面之间，主要由一种名叫橄榄岩的岩石组成（也有人不赞成这个观点），它占到地球体积的82%、质量的65%。很大程度上因为地球上的科学家和普通人对地幔兴味索然，所以它长久以来并没有得到足够的重视。

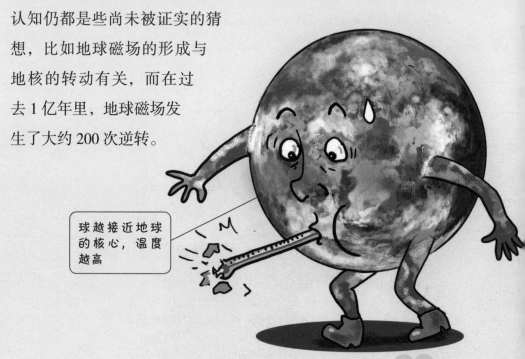

古登堡界面影响了地震波的传播。

地幔下面就是地核。地核的温度到底有多高？这个问题我们现在还回答不了。科学家估计在4000℃到7000℃，大致和太阳表面的温度差不多。鉴于我们对地球深处的探索还远远不够，目前关于地核的很多认知仍都是些尚未被证实的猜想，比如地球磁场的形成与地核的转动有关，而在过去1亿年里，地球磁场发生了大约200次逆转。

球越接近地球的核心，温度越高

不顺利的钻探活动

　　20世纪60年代，几个美国科学家组织了一次著名的钻探活动，这个项目最终被命名为莫霍孔计划，后来也有人称其为莫霍钻探。因为相比大陆上的地壳，海床上的显然要薄得多，所以这些科学家希望能从海床上钻个孔直通地下的莫霍面，并从中取出一块地幔样本来慢慢研究。他们认为，只要搞清楚地球内部岩石的性质，说不定就可以知道它们是如何相互发生作用的，从而找到预测地震以及其他一些灾难的方法。

　　但是，这次活动不仅没能给人类带来任何好消息，反而可以说是灾难性的也不为过。在浪费了大量的人力和物力后，人们不得不面对一个残酷的现实：他们充其量只能深入到大约180米的地方。1966年，由于钻探一直没能取得进展，而成本却大大地超出了预期，这个项目被气恼的美国国会给半路腰斩了。

124

4 年以后，苏联科学家也启动了一次类似莫霍钻探的科研活动，只不过他们打算直接从陆地上（位于俄罗斯的科拉半岛）钻个孔来碰碰运气。虽然这个项目比预期的要辛苦得多，但是苏联人还是以那种值得称道的韧劲一直顽强地努力着。19 年后，这个项目因为种种原因最终还是被放弃了，但那时人们已经钻到了大约 12262 米深的地下。这次钻探的结果中最令人吃惊的，无疑是地壳深处的岩石竟然浸透出了水——这曾一直被认为是不可能的事情。

知识链接

气态巨行星

水星、金星、火星和地球很像，它们都有坚固的类岩石表面，因此被称为类地行星。而土星、天王星、海王星和木星很像，它们都没有坚固的表面，并且体积大、密度小、自转快、卫星多，因此被称为类木行星。类木行星和木星都是气态巨行星，这些行星虽然都有一个由岩石或金属构成的固体核心，却不以岩石或其他固体为主要构成成分。

美丽而危险的
火山喷发

　　在过去，人们对火山的认识是远远不够的，就像1980年美国华盛顿州圣海伦斯火山爆发，很多自以为躲在看不到火山的地方就能安全的人们，最终都在这场残酷的自然灾难中丧生，甚至有些人的尸体都找不到了。纵观人类的漫漫历史，这种因火山爆发而导致的悲剧还真不在少数，但为什么即使经历了这么多次，人类却依然无法避免呢？

不详的隆隆声

　　1980年3月20日，圣海伦斯火山开始不断发出巨大的隆隆声。尽管从此这座火山一直在喷出岩浆，但是量都不大，只是每天

127

都要喷发大约 100 次，还常常伴随着地震。为了保险起见，人们撤离到了距此 30 千米以外的地方——他们当时天真地以为这个距离已经足够安全了。随着圣海伦斯火山的轰鸣声越来越响，世界上的很多游客都聚集于此，想要一睹火山爆发的壮观场面。等待的时间就这样一天天地过去了，圣海伦斯火山依旧没能展现它狂野的一面，于是人们越来越不耐烦，普遍认为这座火山不会爆发了。

4 月 19 日，火山北侧出现了明显的隆起。火山学专家根据夏威夷的火山活动方式，武断地下了结论：火山是不会从侧面喷发的。当时，有一个地质学教授杰克·海德反驳（bó）了这一结论，他认为这座火山和夏威夷的火山并不一样，它缺少一个敞开的喷发口，因此可能不会按照人们原来设想的方式爆发。但可惜没有人注意到他的观察结果，这也给后来的悲剧埋下了伏笔。

5月18日，圣海伦斯火山北侧突然塌陷，大量的尘土和碎石自山坡横冲直撞着滑下，炽热而危险的烟雾以大约每小时1050千米的速度飞快地席卷了附近地区——这座火山终于爆发了！据说，在不到10分钟的时间里，一道巨大的烟灰就直冲上了云霄，升到了大约18000米的高空！

第一个报告火山爆发的人名为戴维·约翰斯顿，他刚刚倒霉地顶替了观察所的另一个工作人员。戴维·约翰斯顿很快就死了，他的尸体也永远消失在了这场灾难之中。可悲的是，许多提前撤离的人也未能幸免于难，即使他们已经距离火山千米之远。显然人类还是低估了圣海伦斯火山爆发的威力。

129

火山要爆发了

岩浆房

火山爆发以后

圣海伦斯火山爆发造成了57人死亡，其中23人的尸体失去了踪迹。在这场悲惨的灾难里，有一件值得庆幸的事，那就是火山爆发的那天是星期日，许多本该在火山附近工作的伐木工人都休息了，没有聚集在那片"死亡地带"。

这座火山爆发后，顶峰直接被削去了大约400米，600平方千米的森林被大火毁于一旦，经济损失高达27亿美元，甚至一架正在距地面48千米以外的高空飞行的客机也遭了殃（yāng）——被火山喷发出来的岩石袭击了。

当然，火山爆发所造成的影响远不止于此。那些火山灰洋洋洒洒地飘落在了华盛顿州的亚基马，这座城市距离圣海伦斯火山大约130千米。尚未沉淀的火山灰不仅会堵住行人的喉咙，对人体的呼吸系统造成伤害，还会遮蔽阳光，塞住发动机、发电机和电器，阻塞过滤系统，导致交通设施陷入瘫痪。因此，虽然只有大约1.5厘米厚的火山灰落在了亚基马，但这座城市

被石头袭击的那架飞机最终平安降落了

哎哟喂！是谁扔的石头？

还是和外界失联了整整 3 天。令人费解的是，虽然圣海伦斯火山一直被传出要爆发的消息，但亚基马的居民却并不在意此事，甚至在火山爆发当天连紧急广播系统都没能及时启动。

当然，这次火山爆发绝不会是人类历史上最壮观的一次。请你记住这一章的内容，因为我们接下来就要向黄石国家公园进发了——此时此刻，那里的超级火山仍在蠢蠢欲动，正伺机引发更可怕的自然灾难！

火山爆发时喷出的火山灰是有毒的

这灰尘是从哪里飘来的？

我什么也看不见了！

131

著名的黄石国家公园

    黄石国家公园是美国的一处标志性自然景点，这里植被茂盛，到处都是热气腾腾的温泉，并且它本身就是一座超级火山！但你千万可别被它那美丽的外表所迷惑了，在这个变化无常的地方，你只要一个不留神就有可能死得很惨——如火山爆发、热液喷发、大地震这些灾害，都值得人们提高警惕。

这里生活着数千种生物

这里不仅有温泉、热水潭、间歇泉，还有正常水温的湖泊和河流

死于灰末的动物们

1971 年，一位名为迈克·沃里斯的年轻地质学家来到了一处农田里考察。这个地方位于美国内布拉斯加州的东部，草木丛生，离果园小镇不是很远。因为最近的一场大雨，一块保存完好的小犀牛头骨被冲到了地面，这立刻引起了沃里斯的注意。于是，他在偶然间发现了一个奇特的化石床：一个已经干涸的水洞变成了一座集体坟墓，里面埋葬着犀牛、骆驼、乌龟等动物的几十副遗骸。这些史前动物被发现埋在深达 3 米的火山灰

黄石国家公园是世界上第一个国家公园

之下，但令人费解的是，内布拉斯加州可从来都没有出现过火山，以前是，当时也是。

最开始，有人认为这些可怜的动物是被活埋的，就像庞贝古城一样，但没过多久人们便否定了这个推测——它们并不是突然死去的，而是死于肺纤维化——这是一种因吸入过多腐蚀性的灰末而引发的特殊疾病。很久以前，人们就知道内布拉斯加州沉积着大量的灰末，还曾把它们开采出来，用于制造家用去污粉。但谁也没有多想一下，这里到底为什么会有这么多的灰末！

沃里斯将灰末样本寄往了美国西部各地，希望能有人认出这是什么东西。几个月后，一个名叫比尔·邦尼奇森的地质学家告诉他，出自爱达荷州布鲁诺－贾比奇的一种火山沉积物和他寄来的灰末一模一样。由此人们才知道，那些动物之所以会丧命，是因为一次规模难以想象的火山爆发。后来证明，美国西部的下面真有一大片岩浆和一个巨大的火山热点。这个火山热点每隔大约 60 万年就会发作一次，而它所在的地方就是我们现在所熟知的黄石国家公园。

寻找破火山口

20 世纪 60 年代，鲍勃·克里斯琴森一直对黄石国家公园没有火山而大为不解。事实上，在很久以前，大家就已经知道黄石国家公园是由火山形成的了，毕竟那么多喷泉和其他散发蒸汽的地貌摆在人们眼前，但奇怪的是一直没有人对此事提出疑问。总之，经过了很多努力后，克里斯琴森依旧没能找到黄石国家公园的火山在哪里，尤其是找不到一种名为破火山口的结构。

在大多数人的观念里，火山就应该是那种显而易见的火山锥，比如富士山或者乞力马扎罗山——这也难怪，地球上一共大约有 10000 座明显的火山，它们往往是锥形的，山坡上散落着熔岩，能够一目了然。这些火山中既有不会再爆发的死火山，也有几百座伺机而动的活火山。有一种活火山威力很大，它在爆发后，大量的岩浆会一下子破土而出，在地面上留下一个直径比较大的圆形凹陷，也就是破火山口——黄石国家公园显然就属于这种情况。

恰好这个时候，美国国家航空航天局拍摄了黄石国家公

岩浆的温度最高可达 1400℃

火山爆发的威力是惊人的

135

园的照片，并
且一位官员将其中的
一部分交给了公园，希望
能够将它们在某个游客中心里展出。克里斯
琴森一眼就在照片上发现了自己苦寻无果的破火山口——整座
黄石国家公园！在过去的某个时刻，黄石国家公园曾因火山爆
发而被炸得七零八落，这个直径将近 65 千米的超级大坑，大到
无论从地面上的哪个角度都看不到它的全貌！

这里到处都是危险

　　黄石国家公园占地约 9000 平方千米，它是世界上最大的火
山口之一，拥有超过 10000 个温泉和 300 个间歇泉，比世界上

其他地方的总和加起来还要多。公园的大部分地方都被郁郁葱葱的森林所覆盖，除此之外，这里还有草场、草地和湖泊。然而，在这样美丽的外表下，黄石国家公园却处处暗藏着"杀机"。

1959年8月17日的晚上，赫布根湖地区突然发生了一次7.5级地震，大约8000万吨岩石以每小时160千米的速度从山坡崩塌而下。因为黄石国家公园的一处露营地当时就在岩石滑落的必经之路，所以这次灾难造成了28人死亡，其中有19人的尸体因为被掩得太深而没能找到。实际上，黄石国家公园每年都会发生1000～3000次地震，虽然规模不大，却给人类拉响了警钟：我们居住的地球热气腾腾，它的破坏力是非常恐怖的！

当然，黄石国家公园不止对游客来说是危险的，对在里面工作的人员来说也是一样的。在某个夏天，三个年轻人就干了一件蠢事，他们趁着天黑想偷偷去泡温泉。黄石国家公园里的水池并不都是炙热的、要人命的，之前也有很多人违反规定，在没人的时候下去泡一泡。但是，这三个年轻人也真傻，他们连手电筒都没带，就敢在园区里乱走，最后落了个死于非命的下场。

黄石国家公园中危机四伏

图书在版编目（CIP）数据

万物简史.宇宙与地球 / 徐国庆编著；高帆绘. --
北京：北京理工大学出版社，2024.6
（孩子们看得懂的科学经典）
ISBN 978-7-5763-3822-5

Ⅰ.①万… Ⅱ.①徐… ②高… Ⅲ.①自然科学—少
儿读物②宇宙—少儿读物③地球—少儿读物 Ⅳ.①N49

中国国家版本馆CIP数据核字（2024）第079246号

责任编辑：徐艳君　　**文案编辑**：徐艳君
责任校对：刘亚男　　**责任印制**：施胜娟

出版发行 / 北京理工大学出版社有限责任公司

社　　址 / 北京市丰台区四合庄路6号

邮　　编 / 100070

电　　话 / （010）68944451（大众售后服务热线）
　　　　　　（010）68912824（大众售后服务热线）

网　　址 / http://www.bitpress.com.cn

版 印 次 / 2024年6月第1版第1次印刷

印　　刷 / 天津鸿景印刷有限公司

开　　本 / 710 mm×1000 mm　1/16

印　　张 / 9

字　　数 / 88千字

定　　价 / 118.00元（全3册）

图书出现印装质量问题，请拨打售后服务热线，负责调换